DIANWANG DIANNENGSUNHAO
JISUAN YU SHILI FENXI

# 电网电能损耗
# 计算与实例分析

刘丽平　牛迎水　杨东俊　编著
江　木　郭　莉　刘　巨

U0381660

中国电力出版社
CHINA ELECTRIC POWER PRESS

# 内 容 提 要

为方便从事线损技术和管理工作的人员学习《电力网电能损耗计算导则》(DL/T 686—2018)(以下简称《导则》),掌握《导则》中电网理论线损计算原理及方法,解决理论线损计算工作中的问题,促进《导则》贯彻执行,提高电网线损分析和管理水平,作者精心编著了此书。

全书共分为 5 章,以《导则》主要内容为主线,从基本概念诠释、交流电网元件电能损耗计算、直流元件电能损耗计算,到覆盖特高压交直流至 380V 低压各电压等级电网的理论线损计算,详列公式、算法原理,并给出实例,便于读者对公式的理解和应用,助力领悟精髓;最后给出了电网线损分析与降损措施。

本书内容全面,实用性强,可作为线损管理人员、技术专责、基层班组(站、所)等人员从事节能降损工作的参考手册,也可作为相关培训机构进行降损技术培训的实用教材,对相关科研院所、软件公司等开发理论线损计算分析软件同样具有参考价值。

**图书在版编目(CIP)数据**

电网电能损耗计算与实例分析/刘丽平等编著. —北京:中国电力出版社,2019.11
ISBN 978-7-5198-3766-2

Ⅰ.①电… Ⅱ.①刘… Ⅲ.①电网—线损计算 Ⅳ.①TM744

中国版本图书馆 CIP 数据核字(2019)第 216797 号

出版发行:中国电力出版社
地　　址:北京市东城区北京站西街 19 号(邮政编码 100005)
网　　址:http://www.cepp.sgcc.com.cn
责任编辑:崔素媛(010-63412392)
责任校对:黄蓓　朱丽芳
装帧设计:王红柳
责任印制:杨晓东

印　　刷:三河市百盛印装有限公司
版　　次:2019 年 11 月第一版
印　　次:2019 年 11 月北京第一次印刷
开　　本:880 毫米×1230 毫米　32 开本
印　　张:5.5
字　　数:143 千字
印　　数:0001—2000 册
定　　价:39.00 元

# 前　言

随着我国特高压交直流电网建设，新能源快速发展，电网的形态、结构和运行方式都发生了较大变化，对电力网电能损耗的构成产生了深刻的影响。为适应新时期电力网电能损耗计算分析的要求，国家能源局 2018 年发布了《电力网电能损耗计算导则》（DL/T 686—2018）（以下简称《导则》）。为方便从事线损管理和技术工作人员学习《导则》）掌握《导则》中电网理论线损计算原理及方法，解决理论线损计算工作中的实际问题，促进《导则》贯彻执行，提高电网线损分析和管理水平，作者精心编著了此书。

本书以《导则》主要内容为主线，涵盖电网常用的交直流电网及其元件的电能损耗计算。本书共分为 5 章。

第 1 章为"基本概念"，对《导则》所涉及主要术语及相关知识进行了详细说明、阐述与诠释。

第 2 章为"交流电网元件的电能损耗计算与实例"，针对交流电力网主要耗能元件，详细介绍线路（架空、电缆）电阻损耗、电缆介质损耗、变压器（双绕组、三绕组）损耗、电容器损耗、电抗器及其他元件损耗和损耗率的计算公式，结合电网元件实际运行情况，列举了 10 个计算实例。

第 3 章为"直流元件的电能损耗计算与实例"，在列出直流线路、接地极系统与金属回线、换流站的电能损耗计算公式的基础上，结合某特高压直流输电工程的换流站技术参数和运行参数，列举了换流站中换流阀、换流变压器等元件的电能损耗计算实例。

第 4 章为"电能损耗计算与实例"，针对 35kV 及以上电网、10（20/6）kV 电网、0.4kV 电网三大类别，介绍了不同的计算方法，提供了相应的算例，并对中低压配电网线损预测方法、台区线损新的计算方法研究与应用情况进行了阐述。

第 5 章为"电网线损分析与降损措施"，给出了电网技术线损分析内容与要求、理论线损计算分析报告内容与要求，介绍了配电网

# 前　言

降损新技术和技术降损措施。

　　"理论线损怎么算，实用案例来示范；电网高损如何降，典型分析来分享"，希望本书的出版对广大读者开展线损理论计算、降损规划、高损治理、经济运行、降损节能改造等工作有所帮助。

　　本书由中国电力科学研究院有限公司教授级高工刘丽平、国网河南省电力公司鹤壁供电公司教授级高工牛迎水、国家电网有限公司工程师江木、国网湖北省电力有限公司经济技术研究院教授级高工杨东俊、高级工程师刘巨、国网吉林省电力科学研究院高级工程师郭莉等编写。

　　在编写过程中得到了编写人员所在单位领导、同事及相关单位同行们的大力支持和帮助，在此表示衷心的感谢！

　　由于作者阅历和水平所限，不足之处在所难免，恳请广大读者和同仁批评指正。

作　者

2019 年 9 月

# 目 录

# 目 录

本章以《电力网电能损耗计算导则》（DL/T 686—2018）（以下简称《导则》）中涉及的术语定义为主要内容，详细介绍了《导则》中术语定义的来源及相关知识，方便读者深入理解电能损耗及其计算相关概念。

# 1.1 电力网和元件

## 1.1.1 电力网

电力网是指电力系统中输电、配电的各种装置和设备、变电站、电力线路或电缆的组合，是连接电厂（站）与用电设备的电力网络，其主要功能是变换电压，输送和分配电能。

《电工术语 发电、输电及配电 通用术语》（GB/T 2900.50—2008）中 2.1 基本术语的第 601-01-02 条对电力网的描述是：电力网是输电、配电的各种装置和设备、变电站、电力线路或电缆的组合，其范围可视地理位置、所有权和电压等级等具体情况确定。《电力工程基本术语标准》（GB/T 50297—2018）中 6.1 变电站的第 6.1.1 条也对电力网概念进行了描述：电网是由若干发电厂、变电站、输电线路组成的具有不同电压等级的输电网络。《导则》中的电力网概念是根据上述既有国标术语，结合《电力网降损节能技术应用与案例分析》等书籍中的相关概念，对电力网概念进行了修编完善。

根据《电工术语 发电、输电及配电 通用术语》（GB/T 2900.50—2008）附录 A 补充的术语，关于电力网的电压等级规定如下：

（1）高压（HV）：电力系统中高于 1kV、低于 330kV 的交流电压等级。

（2）超高压（EHV）：电力系统中 330kV 及以上，并低于 1 000kV

的交流电压等级。

（3）特高压（UHV）：电力系统中交流 1 000kV 及以上的电压等级。

（4）高压直流（HVDC）：电力系统中直流±800kV 以下的电压等级。

（5）特高压直流（UHVDC）：电力系统中直流±800kV 及以上的电压等级。

就我国而言，若按照电压等级划分电力网，可分为：1 000kV 特高压交流电力网，330、500kV 和 750kV 超高压交流电力网；35、110kV 和 220kV 交流高压电力网，±1 100、±800kV 特高压直流系统；±660kV 及以下高压直流输电系统；10（20/6）kV 中压电力网；0.4（0.38/0.22）kV 低压电力网。

根据电力网功能不同，通常将 220kV 及以上电压等级的电力网称为输电网，其主要功能是将远离负荷中心的发电厂所发出的电能经过变压器升压并通过高电压输电线路输送到邻近负荷中心的变电站，是电力系统主要的骨干网架，也称为主网；将 110kV 及以下低电压等级的电力网称为配电网，其主要功能是将变电站电能直接分配到电力用户。理论上，电力网中输电线路的输送能力与电力网电压的二次方成正比，与其输电线路的波阻抗成反比。

## 1.1.2 元件（电力网）

元件（电力网）是系统或器件的构成部分，是在不失去其特定功能的条件下，不能再被分成更小的部分。电力网中，不需要再细化的视为整体的一组器件或设备，如一条电力线路、一台电力变压器、一组电抗器等。

《电工术语 基本术语》（GB/T 2900.1—2008）中 3.3 电器件、磁器件第 3.3.19 条，元件（器件）是指器件的构成部分，在不失去其特定功能的条件下，不能再被分成更小的部分。《电力可靠性基本名词术语》（DL/T 861—2004）中第 2.1 条，元件是指在可靠性统计、分析、评估中不需要再细化的视为整体的一组器件或设备的通称，如一台机组或一条线路。根据上述既有国标术语，结合电力网实际及《导则》需要，对元件（电力网）概念进行了修编完善。在《导则》中，将单条架空线路、电缆线路、单台（或组）变压器、单组（或台）电容器、电抗器、调相机、换流站元件（如换流变压器、换流晶闸管阀、交流滤波器、平波电抗器、直流滤波器、并联电容器、并联电抗器以及其他附属设备）等均作为电力网的元件。

## 1.2 电能损耗和电量

### 1.2.1 电能损耗

电能损耗是功率损耗对时间的积分，是电能向非旨在使用的热能的转换。其定义来源于《电工术语 发电、输电及配电 通用术语》（GB/T 2900.50—2008）中 2.3 电力系统稳定性第 603-06-05 条，电能损耗是功率损耗对时间的积分，功率损耗是指某一时刻器件或电网的有功输入功率与有功输出功率之差；《电工术语 基本术语》（GB/T 2900.1—2008）中 3.3 电器件、磁器件第 3.3.129 条，[电能]损耗、[电能]耗散是电能向非旨在使用的热能的转换。

在《导则》中，电力网的电能损耗既包括了交流电力网元件的电能损耗、直流输电系统元件的电能损耗，也包括了直流接地极系统或金属回线损耗，包括了 35kV 及以上高压电力网、10（20/6）kV 中压配电网和 0.4（0.38/0.22）kV 低压配电网电能损耗。电力网电能损耗是一定时段内网络各元件的功率损耗对时间积分值的总和，有在输电、变电、配电各环节设备或装置中消耗的，也有在电网运营管理中发生的，情况比较复杂。

### 1.2.2 电晕损耗

导线或电极表面的电场强度超过碰撞游离阈值时发生的气体局部

3

自持放电形象，称为电晕放电，电晕是一种复杂的物理现象。伴随着电晕放电的气体电离、复合过程，出现声、光、热等现象，电晕放电会产生无线电干扰、可听噪声、能量损失、化学反应和静电效应等，电晕放电引起的这种电能损耗称为电晕损耗。

电晕损耗计算涉及的因素很多，与地理环境、气候条件、导线结构及实际运行情况有关，影响输电线路电晕放电的主要因素包括：导体表面起晕场强、导线表面状况、导线附近的质点、导线上的水滴、空气温度、湿度等。

根据我国大部分地区的气象条件，可把天气条件划分为以下四类：

Ⅰ类：雨天——包括毛毛雨和各种强雨天气；

Ⅱ类：冰雪天——包括雾凇、雨凇、湿雪、干雪天气；

Ⅲ类：雾天——包括各种大小雾天、下霜天、雾霾天、沙尘暴天和结露天；

Ⅳ类：其他——除了以上三种情况以外的天气，包括晴天、阴天、多云、少云天气。

架空线路导线电晕损耗的大小与导线表面的电场强度、空气密度以及气象条件有关，其中导线表面的电场强度与导线分裂方式、截面积、相间距离和运行电压有关；导体运行的气象条件对于电晕损耗影响也较大，划分的四类天气条件中，Ⅰ类为最劣气象条件，按照Ⅰ、Ⅱ、Ⅲ、Ⅳ类排序依次转好。

计算 110kV 及以上电压等级架空线路的理论线损时，宜考虑电晕损耗。500kV 及以上电压等级架空线路的电晕损耗宜按照《导则》提供的估算方法进行测算；110kV～330kV 电压等级架空线路的电晕损耗可按其线路电阻损耗的 0.3%～2.0%估算，恶劣天气时取大值，其他天气条件时取小值。35kV 及以下电力网不考虑电晕损耗。

### 1.2.3 供电量

供电量是向电力网供应的电能总和，即本电力网电厂上网（含分布式电源）电量加上自其他电力网（上、下级电网及邻网）净输入的电量。本定义参考《国家电网公司线损管理办法》，其中电厂上网电量是指发电企业在上网电量计量点向电力网输入的电量，即发电企业向市场出售的电量。在《导则》中，供电量主要用于汇总计算电力网综合线损率，即：计算汇总出一定时期内电力网总的损耗电量后，与对应时期电力网的供电量之比的百分数。这里需要注意的是，过网电量不能够从供电量中扣减，因为过网电量在该电力网中产生了电能损耗，需要注意的是，《导则》中的计算主要是针对技术线损，不要与统计线损率计算中的供电量概念相混淆。

按照国家电网有限公司线损"四分"管理要求，供电量可分为区域供电量（分区）、不同电压等级供电量（分压）、单元件供电量（元件的输入电量，分元件）、台区供电量（分台区）四类。

## 1.2.4 线损电量

线损电量是指电能在电网传输过程中，在输电、变电、配电和用电等各个环节所产生的电能损耗。该术语来源于《名词术语　电力节能》（DL/T 1365—2014）中第 5.7.21 条，线损、线损电量是指电能在电网传输过程中，在输电、变电、配电和营销等各个环节所产生的电能损耗。为了适应电力体制改革形势，《导则》覆盖范围扩大，大、中型企业内部也有电能损耗计算需求，因此将定义中的"营销"改为"用电"。此外，《电力工程基本术语标准》（GB/T 50297—2006）中 6 输变电的第 6.5.6 条，线损的定义是：电能输送过程中在线路、变压器等上产生的各种损耗之和。

根据《名词术语　电力节能》（DL/T 1365—2014）中 5.7.21-26，电网企业线损的种类可分为统计线损、理论线损（技术线损）、管理线损、经济线损和定额线损 5 类，其定义分述如下：

（1）统计线损：供电量（购电量）与售电量之差，根据电能表指示数计算得出。常用于统计专业报表，电网企业受抄表周期及电费回收因素影响，统计供电量、统计售电量存在统计区间不相同的问题，往往造成月度报表线损率出现"大月大、小月小"问题，为了弄清相同统计期间的线损率，国家电网公司提出了"同期线损"概念，即相同统计期间（以日、月、年为统计周期）内，供电量与售电量之差。同期线损可以真实反映电网企业实际线损水平。

（2）理论线损（技术线损）：根据供电设备的参数、电网运行方式、潮流分布以及负荷情况，应用现有的定律、定理及规律计算得出的电能损耗量。比如，对于电阻性导体的损耗，应用焦耳定律可定量地计算出通过导体的电流转换为热能的量：电流通过导体产生的热量跟通过它的电流的二次方成正比，跟导体的电阻成正比，跟通电的时间成正比。由于它是由电网设备的技术条件决定，因此也称为技术线损，包括架空及电缆线路导线的损耗，变压器损耗，电容器、电抗器、调相机及其辅助设备损耗，换流站内元件的电能损耗，电流、电压互感器与电能计量表的损耗，高电压线路的电晕损耗等。理论线损是特定计算时段技术线损的数值体现。

（3）管理线损：在输电、变电、配电、供电过程中由于计量、抄表、窃电及其他管理不善造成的电能损失，它可用统计线损与理论线损的差值来测算。管理线损是制定降损目标，制定反窃电、计量装置运维管理与改造、营业档案差错治理、提升抄表采集成功率等措施的依据。

（4）经济线损：对于电网及其设备状况固定的线路，其线损率随着供电负荷大小的变化而变化，但有一个最低值，称为经济线损。一般地，经济线损对应电网的经济运行方式。

（5）定额线损（计划线损）：根据电网实际情况，结合下一考核期电网结构、负荷潮流情况以及降损措施安排，经过测算，上级批准的线损指标，称为定额线损。它是上级下达的线损率指标计划，是公司年度经营目标的重要内容。

## 1.2.5 无损电量和过网电量

无损电量是指在当前计算区域或电压等级下,供电企业不承担损耗的售电量。

注:无损电量是一个相对概念,针对某一供电区域或某一电压等级当供电量、售电量为同一个关口时的电量。计量关口位于变电站母线的用户专用线,其电量为该母线电压等级的无损电量,专用线线损由用户承担。

过网电量是指流经某区域电网且不计入该区域售电量,并输出到相邻电网的电量。

# 1.3 线 损 率

## 1.3.1 线损率计算

线损率是指电网中线损电量与供电量的百分比,即线损率=(供电量–售电量)/供电量×100%,它反映电网的技术经济性。《名词术语 电力节能》(DL/T 1365—2014)中第 5.7.1.27 条指出,线损率是指电力网络中损耗的电能(线路损失负荷)与向电力网络供应的电能(供电负荷)的百分比,它用来考核电力系统运行的经济性。《电力工程基本术语标准》(GB/T 50297—2006)中 6 输变电的第 6.5.7 条,线损率是指输电损耗的电能与输电始端输入电能的比值,侧重于电力网元件的损耗率计算。

按照线损"四分"精细化管理实践经验,线损率可细分为分区、分压、分元件、分台区线损率。分区线损率指对所辖电网按供电范围划分为若干区域进行的线损率统计,为该区域线损电量与其供电量的百分比。分压线损率指对所辖电网按不同电压等级进行的线损率统计,为该电压等级线损电量与该电压等级输入电量的百分比,该电压等级输入电量为接入本电压等级电厂的上网电量、自其他电网(含相邻区域电网、高一级电网、低一级电网）输入到本电压等级的电量之和。分元件线损率指对所辖电网中线路、变压器、电容电抗等元件进行的线损率统计，为该元件线损电量与输入该元件的电量之和的百分比。分台区线损率指对所辖电网中各个公用配电变压器的供电区域进行的线损率统计，为该区域线损电量与其供电量的占比。

### 1.3.2　理论线损率

理论线损率是根据电网设备参数、运行方式、潮流分布以及负荷情况等量化地计算得出的线损率，是理论线损电量占供电量的百分比。理论线损率反映了电网现有技术装备条件下的真实损耗率水平，同时反映出电网运行的经济、高效与节能水平。理论线损率是制定线损指标计划的重要依据。

通过理论线损计算能够弄清楚电网电能损耗的组成与分布情况，分析出高损区域、高损元件，查找出电网薄弱环节，以便针对性采取技术措施，把电能损耗降低到一个接近经济线损率的合理水平，把电网建设成为高效、经济的现代化电网。

### 1.3.3　线损率计划

线损率计划是电网经营企业确定的年度线损管理工作方案目标的数值表示，是企业负责人年度业绩考核指标的重要内容之一。制定线损率计划时，应根据企业当前电网技术线损水平、管理线损水平，结合目标年度拟采取的技术措施、管理措施对线损的影响，综合考虑后确定。其中，技术线损水平可以用代表日负荷实测后开展的线损理论计算结果来反映，管理线损水平可以用代表日同期统计线损率值减去对应的理论线损率值来反映，技术措施对线损的影响是指目标年变电站、变压器、无功补偿设备、输配电线路等的新增或改变后对线损的影响，管理措施对线损的影响是指分析确定排查、校正或更换非正常计量装置（含电流互感器、电能表），或开展反窃电，或纠正档案倍率差错、电能表表码采集差错等措施对线损的影响。线损率计划制定过程如图 1-1 所示。

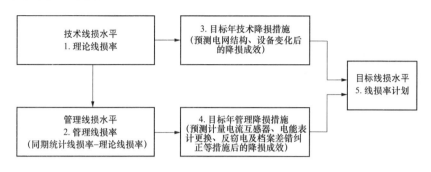

图 1-1 线损率计划制定过程

## 1.4 代表日和潮流计算

### 1.4.1 代表日（月）

代表日（月）是能够反映一定时期内电网及其设备典型运行工况的自然日（月）。由于用户用电特性的负荷曲线具有很大的随机性，这就决定了电网负荷曲线的特性也具有不确定性。为了近似找到等同于一定时期（年或月）内能够反映该时期电网负荷特性的典型时间段，通常根据统计规律，采用代表日（月）来替代。代表日的选取通常采用高峰负荷期间的某一自然日来表示。

代表日（月）应具有如下典型性：

（1）电网的运行方式、潮流分布正常，用户用电正常，负荷水平宜在年最大负荷的 80%～95% 之间。

（2）代表日的供电量接近计算期（月、季、年）的平均日供电量。

（3）代表日气候情况正常，气温接近计算期的平均温度。

（4）代表日负荷记录完整，能满足计算需要，一般应有发电厂、变电站、线路等一天 24h 正点的发电（上网）、供电、输出、输入的电流，有功功率和无功功率，电压以及全天电量等记录。

### 1.4.2　潮流计算

潮流计算是根据电力系统网络拓扑、元件参数和电源、负荷等运行条件，计算有功功率、无功功率及电压在电网中的分布。

电网计算是利用系统参数和其他已知状态变量，通过特定数学模型对电网的系统状态变量所做的计算，电网潮流计算主要取决于负荷、参数和电源间的关系。《电工术语　发电、输电及配电　电力系统规划和管理》（GB/T 2900.58—2008）中 2.1 电力系统规划的术语定义中第 603-02-08 条，潮流计算是电网的一种稳态计算，计算时已知变量是各节点的输入和输出功率以及某些指定的节电电压。计算电网的潮流分布可以确定在某种运行方式下，网络各元件的电压和电能损耗，以此作为选择导线截面和电气设备等的依据。

## 1.5　小　电　源

小电源是指接入 10（20/6）kV 及以下电压等级电网的各类电源，通常单个并网点总装机容量小于 6MW，包括小水电、太阳能发电、风力发电、煤气发电、余热发电、天然气发电、生物质能发电、地热能发电、海洋能发电等。

# 第 2 章

# 交流电网元件的电能损耗计算与实例

本章主要介绍交流电网元件电能损耗的计算方法，结合计算公式给出了示范性的实用实例，方便读者理解和领悟交流电网元件的电能损耗计算过程，方便实际工作应用。

## 2.1　三相制线路的电阻损耗计算

10（20/6）kV 及以上电压等级的架空或电缆线路均为三相制，下列算式适用于三相制线路的电阻损耗计算。

### 2.1.1　计算算法

#### 1. 计算公式

为满足不同技术条件下的电网电阻损耗计算，依托方均根电流，引入形状系数、损失因数，形成平均电流法、最大电流法等多种算法，分述如下。

（1）算法一：电阻损耗的积分算法，计算公式为

$$\Delta A = 3\int_0^T i^2(t)Rdt \times 10^{-3} \tag{2-1}$$

（2）算法二：方均根电流法，计算公式为

$$\Delta A = 3I_{rms}^2 Rt \times 10^{-3} \tag{2-2}$$

式中　$\Delta A$ ——线路导线电阻的电能损耗，kWh；

　　　　3——表示三相制，假设三相负荷平衡状态；

　　　　$t$ ——线路运行时间，h；

　　　　$i(t)$ ——$t$ 时间点通过线路某一相导线的电流瞬时值，A；

　　　　$R$ ——线路导线的电阻，$\Omega$；

　　　　$I_{rms}$ ——通过线路某一相导线的方均根电流，A。

其中，方均根电流 $I_{rms}$ 计算公式为

$$I_{rms} = \sqrt{\sum_{i=1}^{N} I_i^2 / N} \qquad (2\text{-}3)$$

式中　$I_{rms}$——计算周期内的方均根电流，A；

　　　$N$——计算周期所确定的电流测点数，$i$ 为测点电流序号；

　　　$I_i$——第 $i$ 个测点的电流，A。

若计算代表日 24 个整点电流（每小时一个测点）的方均根电流时，则上式变为

$$I_{rms} = \sqrt{\sum_{i=1}^{24} I_i^2 / 24} = \sqrt{(I_1^2 + I_2^2 + \cdots + I_{24}^2)/24} \qquad (2\text{-}4)$$

式中　$I_1$，$I_2$，$\cdots$，$I_{24}$——计量点代表日 24 个整点的电流值，A。

其他符号同（2-3）。

注：$I_1$，$I_2$，$\cdots$，$I_{24}$ 等整点电流代表三相电流平衡状态下任意一相的整点电流值，若线路 A、B、C 三相整点电流值不相等时，则该值表示对应 A、B、C 三相电流之和的平均值。

当代表日负荷曲线测点以三相有功功率（或有功电量 $A_P$）、无功功率（或无功电量 $A_Q$）表示时，代表日方均根电流为

$$I_{rms} = \sqrt{\sum_{i=1}^{24} \frac{P_i^2 + Q_i^2}{U_i^2} / 72} \qquad (2\text{-}5)$$

式中　$P_i$——计量点 24 个整点中第 $i$ 点的有功功率，kW；

　　　$Q_i$——计量点 24 个整点中第 $i$ 点的无功功率，kvar；

　　　$U_i$——与 $P_i$、$Q_i$ 对应的线电压，kV。

其他符号同式（2-4）。

注：若采用每小时电量计算时，将 $P_i$、$Q_i$ 用 $A_{Pi}$、$A_{Qi}$ 替代即可。

（3）算法三：平均电流法。

利用方均根电流与平均电流法的等效关系进行电能损耗计算的一种方法。当电网元件及其负荷相对恒定时，其形状系数可认为是不变的。平均电流法计算电能损耗公式为

$$\Delta A = 3k^2 I_{av}^2 Rt \times 10^{-3} \qquad (2\text{-}6)$$

式中　$\Delta A$ ——电阻的电能损耗，kWh；

　　　$k$ ——形状系数；

　　　$I_{av}$ ——导线的平均电流，A；

　　　$R$ ——导线的电阻，$\Omega$；

　　　$t$ ——运行时间，h。

其中，形状系数定义：令方均根电流 $I_{rms}$ 与平均电流 $I_{av}$ 的等效关系为 $k$，并称之为形状系数，即

$$k = \frac{I_{rms}}{I_{av}} \qquad (2\text{-}7)$$

代表日平均电流 $I_{av}$ 的计算公式为

$$
\begin{aligned}
I_{av} &= \sum_{i=1}^{24} I_i / 24 = (I_1 + I_2 + \cdots + I_{24})/24 \\
&= A_p / (\sqrt{3}U\lambda \times 24) \qquad (2\text{-}8) \\
&= P/(\sqrt{3}U\lambda)
\end{aligned}
$$

式中　　　　$I_{av}$ ——日负荷电流的平均值，A；

$I_1$，$I_2$，$\cdots$，$I_{24}$ ——日 24 个整点的电流值，A；

　　　　　$A_P$ ——日元件首端有功电量，kWh；

　　　　　$U$ ——日元件首端电压，kV；

　　　　　$\lambda$ ——日元件首端平均功率因数；

　　　　　$P$ ——日元件首端平均功率，kW。

（4）算法四：基于负荷率的平均电流法。

在实际应用中，可以根据平均电流、最大电流、最小电流来计算 $k^2$，然后应用算式（2-6）计算导线的电能损耗，称为基于负荷率的平均电流法。$k^2$ 可根据负荷曲线的平均负荷率 $f$ 与最小负荷率 $\beta$ 确定。

其中，平均负荷率 $f$ 为平均负荷（电流）$I_{av}$ 与最大负荷（电流）$I_{max}$ 的比率，即

$$f = I_{av} / I_{max} \qquad (2\text{-}9)$$

最小负荷率 $\beta$ 为最小负荷（电流） $I_{min}$ 与最大负荷（电流） $I_{max}$ 的比率，即

$$\beta = I_{min} / I_{max} \qquad (2\text{-}10)$$

当平均负荷率 $f \geqslant 0.5$ 时，可按直线变化的持续负荷曲线计算 $k^2$ 值，即

$$k^2 = \frac{\beta + \frac{1}{3}(1-\beta)^2}{\left(\frac{1+\beta}{2}\right)^2} \qquad (2\text{-}11)$$

当平均负荷率 $f < 0.5$ 时，可按二阶梯持续负荷曲线计算 $k^2$ 值，即

$$k^2 = \frac{f(1+\beta) - \beta}{f^2} \qquad (2\text{-}12)$$

（5）算法五：基于损耗因素的最大电流法。

利用方均根电流与最大电流的等效关系进行损耗计算的方法。令方均根电流 $I_{rms}$ 的二次方与最大电流 $I_{max}$ 的二次方的比值为 $F$，称之为损耗因数，即

$$F = I_{rms}^2 / I_{max}^2 \qquad (2\text{-}13)$$

则代表日损耗电量计算公式为

$$\Delta A = 3FI_{max}^2 RT \times 10^{-3} \qquad (2\text{-}14)$$

式中 $F$——损耗因数；

$I_{max}$——导线的最大电流，A。

其他符号同式（2-2）。

其中，$F$ 值的确定可根据负荷曲线的平均负荷率 $f$ 与最小负荷率 $\beta$ 确定。

当平均负荷率 $f \geqslant 0.5$ 时，可按直线变化的持续负荷曲线计算 $F$ 值，即

$$F = \beta + \frac{1}{3}(1-\beta)^2 \qquad (2\text{-}15)$$

当平均负荷率 $f < 0.5$ 时，可按二阶梯持续负荷曲线计算 $F$ 值，即

$$F = f(1+\beta) - \beta \qquad (2\text{-}16)$$

**2. 电阻及其损耗概念**

（1）电阻。电阻表示二端元件或二端电路端子间电压除以元件或电路中电流的商。根据电阻定律，导体的电阻 $R$ 与它的长度 $L$ 成正比，与它的截面积 $S$ 成反比，还与导体的材料（用导体电阻率 $\rho$ 表示）有关，用算式表示为：$R = \rho L/S$。导体的电阻随着温度的变化而变化，对于金属导体，其温度每增高 1℃，它的电阻值增大的百分数，称为电阻温度系数 $\alpha$。

电阻温度修正系数（$k_\theta$）：GB/T 3956—2008 给出的导线电阻值是在空气温度为 20℃ 时的测量值，计算过程中应考虑负荷电流引起导线温升及周围空气温度对电阻变化的影响，进行如下修正。

$$R = k_\theta R_{20} \qquad (2\text{-}17)$$

或

$$r_0 = k_\theta r_{20} \qquad (2\text{-}18)$$

式中　$R$、$r_0$——导线实际工况条件下的电阻、每千米电阻，$\Omega$、$\Omega/\text{km}$；

　　　$k_\theta$——电阻温度修正系数；

　　$R_{20}$、$r_{20}$——导线在温度 20℃ 时的电阻值、每千米电阻值，$\Omega$、$\Omega/\text{km}$。

其中，$k_\theta$ 的计算公式为

$$k_\theta = 1 + 0.2 \times \left(\frac{I_{\text{rms}}}{n I_{\text{yx}}}\right)^2 + a(t_{\text{av}} - 20) \qquad (2\text{-}19)$$

式中　$I_{\text{rms}}$——通过线路某相导线的方均根电流值，A；

　　　$n$——线路每相的分裂导线条数（针对 220kV 及以上有分裂导线结构的输电线路，当线路每相导线为单根导线时 $n$ 取 1）；

　　$I_{\text{yx}}$——环境温度为 20℃ 时导线达到容许温度时的容许持续电流（其值可由有关手册查取，若手册给出的是空气温度

25℃时的容许持续电流，则 $I_{yx}$ 应乘以 1.05，换算成 20℃时的容许持续电流），A；

$a$ ——导线电阻的温度系数，对铜、铝、铝合金、钢芯铝绞线，$a \approx 0.004$（1/℃）；

$t_{av}$ ——代表日（或计算期）的平均气温，℃。

由不同型号导线构成的线路电阻的修正计算

$$R = \sum_{i=1}^{m} \frac{r_{i(20)}}{n} l_i \left[ 1 + 0.2 \times \left( \frac{I_{rms}}{n I_{yxi}} \right)^2 + 0.004 \times (t_{av} - 20) \right] \quad (2\text{-}20)$$

式中　$r_{i(20)}$ ——环境温度为 20℃时，第 $i$ 种型号导线的每千米电阻值，$\Omega$/km；

　　　$l_i$ —— $m$ 种导线型号中第 $i$ 种导线型号的长度，km；

　　　$I_{yxi}$ ——环境温度为 20℃时，第 $i$ 种型号导线容许的持续电流，A。

其他符号同式（2-19）。

（2）电阻损耗。当电流通过线路时，因线路导线电阻产生的电能损耗称为电阻损耗，用算式（2-1）、式（2-2）计算。其中算式（2-1）为积分算法，体现了电能损耗为功率损耗对时间的积分概念，算式（2-2）是方均根电流算法。若计算线路运行时电阻 $R$ 的功率损耗 $\Delta P$（kW），则其算式为

$$\Delta P = 3 I_{rms}^2 R \times 10^{-3} \quad (kW) \quad (2\text{-}21)$$

式中，方均根电流 $I_{rms}$ 的大小与电压、功率因数、形状系数和温度有关。当线路输送功率 $P$ 一定时，由于 $P = \sqrt{3} I U \lambda$，功率因数 $\lambda$ 越大，电压等级 $U$ 越高，则流经线路的电流 $I$ 越小，电能损耗 $\Delta P$ 就大大减小，反之，则大大增加。方均根电流 $I_{rms}$ 与形状系数有关，当负荷波动越大、形状系数 $k$ 越大，方均根电流 $I_{rms}$ 也越大；反之，则越小。方均根电流 $I_{rms}$ 与温度有关，当环境温度越高、导线允许承载的电流越小，流过线路的电流也随之受到限制；反之，则越大。

## 2.1.2 导体最大直流电阻

计算电阻电能损耗选取架空线路或电缆的导线电阻时应取其实测参数值或铭牌给定参数值。当实测参数或铭牌参数缺失时，可采用导体最大直流电阻值代替，从多芯绞合导体的直流电阻值标准（见表 2-1）中对照选取。

表 2-1 　　　　　　　　　多芯绞合导体的直流电阻值标准

| 标称截面积（mm²） | 导体的最小单线数量/股 | | 20℃时导体最大直流电阻（Ω/km） | | | | |
|---|---|---|---|---|---|---|---|
| | 紧压圆形或成型 | | 退火铜导体 | | | 铝和铝合金导体 | |
| | 铜 | 铝 | 不镀金属单线（软铜） | 镀金属单线 | 硬铜 | 铝 | 铝合金 |
| 10 | 6 | 6 | 1.83 | 1.84 | 1.906 | 3.08 | 3.574 |
| 16 | 6 | 6 | 1.15 | 1.16 | 1.198 | 1.91 | 2.217 |
| 25 | 6 | 6 | 0.727 | 0.734 | 0.749 | 1.20 | 1.393 |
| 35 | 6 | 6 | 0.524 | 0.529 | 0.540 | 0.868 | 1.007 |
| 50 | 6 | 6 | 0.387 | 0.391 | 0.399 | 0.641 | 0.744 |
| 70 | 12 | 12 | 0.266 8 | 0.270 | 0.276 | 0.443 | 0.514 |
| 95 | 15 | 15 | 0.193 | 0.195 | 0.199 | 0.320 | 0.371 |
| 120 | 18 | 15 | 0.153 | 0.154 | 0.158 | 0.253 | 0.294 |
| 150 | 18 | 15 | 0.124 | 0.126 | 0.128 | 0.206 | 0.239 |
| 185 | 30 | 30 | 0.099 1 | 0.100 | 0.102 1 | 0.164 | 0.190 |
| 240 | 34 | 30 | 0.075 4 | 0.076 2 | 0.077 7 | 0.125 | 0.145 |
| 300 | 34 | 30 | 0.060 1 | 0.060 7 | | 0.100 | 0.116 |
| 400 | 53 | 53 | 0.047 0 | 0.047 5 | | 0.077 8 | 0.090 4 |
| 500 | 53 | 53 | 0.036 6 | 0.036 9 | | 0.060 5 | |
| 630 | 53 | 53 | 0.028 3 | 0.028 6 | | 0.046 9 | |
| 800 | 53 | 53 | 0.022 1 | 0.022 4 | | 0.036 7 | |
| 1 000 | 53 | 53 | 0.017 6 | 0.017 7 | | 0.029 1 | |

注 1. 对于具有与铝导体相同标称截面积的实心铝合金导体，表中的电阻值可乘以 1.162 的系数，有铭牌参数值时除外。

2. 表中电阻数据来源于《电缆的导体》（GB/T 3956—2008）、《额定电压 1kV 及以下架空绝缘电缆》（GB/T 12527—2008）。

### 2.1.3 导线允许载流量

导线电阻温度修正计算时,需要已知线路导线允许最大持续电流,即允许载流量,应从试验报告或铭牌参数中选取。当导线允许载流量数据缺失时,可参考国家电网《配电网运行规程》(Q/GDW 519—2010)中规定的导线允许载流量数据,分述如下。

(1)钢芯铝绞线允许载流量。架空线路钢芯铝绞线的允许载流量见表 2-2。

表 2-2　　　　钢芯铝绞线允许载流量(工作温度 70℃)　　　　(A)

| 型号 | 钢芯铝绞线（JL/G1A） | | | | | |
|---|---|---|---|---|---|---|
| 导体截面积/钢芯截面积（mm²） | 环境温度（℃） | | | | | |
| | 20 | 25 | 30 | 35 | 40 | 45 |
| 35/6 | 180 | 170 | 160 | 150 | 135 | 120 |
| 50/8 | 220 | 210 | 195 | 180 | 165 | 150 |
| 50/30 | 225 | 210 | 200 | 185 | 170 | 155 |
| 70/10 | 270 | 255 | 240 | 220 | 205 | 180 |
| 70/40 | 265 | 250 | 240 | 225 | 205 | 185 |
| 95/15 | 355 | 335 | 310 | 285 | 260 | 230 |
| 95/20 | 325 | 305 | 285 | 265 | 245 | 220 |
| 95/55 | 315 | 300 | 285 | 265 | 245 | 225 |
| 120/7 | 405 | 380 | 355 | 330 | 300 | 265 |
| 120/20 | 405 | 380 | 355 | 325 | 295 | 260 |
| 120/25 | 375 | 350 | 330 | 305 | 280 | 255 |
| 120/70 | 355 | 340 | 320 | 300 | 280 | 255 |
| 150/8 | 460 | 435 | 405 | 370 | 335 | 300 |
| 150/20 | 470 | 440 | 410 | 375 | 340 | 300 |
| 150/25 | 475 | 450 | 415 | 385 | 345 | 305 |
| 150/35 | 475 | 450 | 415 | 385 | 345 | 305 |
| 185/10 | 535 | 505 | 470 | 430 | 390 | 345 |
| 185/25 | 595 | 560 | 520 | 475 | 430 | 380 |

续表

| 型号 | 钢芯铝绞线（JL/G1A） | | | | | |
|---|---|---|---|---|---|---|
| 导体截面积/<br>钢芯截面积（mm²） | 环境温度（℃） | | | | | |
| | 20 | 25 | 30 | 35 | 40 | 45 |
| 185/30 | 540 | 510 | 475 | 435 | 395 | 345 |
| 185/45 | 550 | 520 | 480 | 445 | 400 | 355 |
| 240/30 | 655 | 615 | 570 | 525 | 475 | 415 |
| 240/40 | 645 | 605 | 565 | 520 | 470 | 410 |
| 240/55 | 655 | 615 | 570 | 525 | 475 | 420 |
| 300/15 | 730 | 685 | 635 | 585 | 530 | 465 |
| 300/20 | 740 | 695 | 645 | 595 | 540 | 475 |
| 300/25 | 745 | 700 | 650 | 600 | 540 | 475 |
| 300/40 | 745 | 700 | 650 | 600 | 540 | 475 |
| 300/70 | 765 | 715 | 665 | 610 | 550 | 485 |

（2）铝绞线允许载流量。铝绞线的允许载流量见表 2-3。

表 2-3　　　　铝绞线允许载流量（工作温度 70℃）　　　　（A）

| 型号 | 铝绞线（JL） | | | | | |
|---|---|---|---|---|---|---|
| 导体截面积<br>（mm²） | 环境温度（℃） | | | | | |
| | 20 | 25 | 30 | 35 | 40 | 45 |
| 35 | 185 | 170 | 160 | 150 | 135 | 120 |
| 50 | 230 | 215 | 200 | 185 | 170 | 150 |
| 70 | 290 | 275 | 255 | 235 | 215 | 190 |
| 95 | 350 | 330 | 305 | 285 | 255 | 230 |
| 120 | 410 | 385 | 360 | 330 | 300 | 265 |
| 150 | 465 | 435 | 405 | 375 | 340 | 300 |
| 185 | 535 | 500 | 465 | 430 | 390 | 345 |
| 240 | 630 | 595 | 550 | 510 | 460 | 405 |
| 300 | 730 | 685 | 635 | 585 | 525 | 460 |

（3）架空绝缘导线允许载流量。架空绝缘导线的允许载流量见

表 2-4。

| 表 2-4 | 架空绝缘导线载流量表（空气温度 30℃） | | | | （A） |
|---|---|---|---|---|---|
| 导体标称截面积（mm²） | 铜导体 | 铝导体 | 导体标称截面积（mm²） | 铜导体 | 铝导体 |
| 35 | 211 | 164 | 150 | 520 | 403 |
| 50 | 255 | 198 | 185 | 600 | 465 |
| 70 | 320 | 249 | 240 | 712 | 553 |
| 95 | 393 | 304 | 300 | 824 | 639 |
| 120 | 454 | 352 | | | |

注：适用于绝缘厚度 3.4mm 的架空绝缘导线。当空气温度不是 30℃时，应将上表架空绝缘线的长期允许载流量乘以校正系数 $K$，其值由下式确定

$$K = \sqrt{\frac{t_1 - t_0}{t_1 - 30}}$$

式中　$t_0$——实际空气温度，℃；

$t_1$——电线长期允许工作温度，聚乙烯/聚氯乙烯绝缘为 70℃，交联聚乙烯绝缘为 90℃。

（4）中压电缆线的允许载流量。

1）10kV 三芯电力电缆允许载流量见表 2-5。

| 表 2-5 | 10kV 三芯电力电缆允许载流量（工作温度 90℃） | | | | （A） |
|---|---|---|---|---|---|
| 绝缘类型 | | 交联聚乙烯 | | | |
| 钢铠护套 | | 无 | | 有 | |
| 敷设方式 | | 空气中 | 直埋 | 空气中 | 直埋 |
| 缆芯截面积（mm²） | 25 | 100 | 90 | 100 | 90 |
| | 35 | 123 | 110 | 123 | 105 |
| | 50 | 146 | 125 | 141 | 120 |
| | 70 | 178 | 152 | 173 | 152 |
| | 95 | 219 | 182 | 214 | 182 |
| | 120 | 251 | 205 | 246 | 205 |
| | 150 | 283 | 223 | 278 | 219 |
| | 185 | 324 | 252 | 320 | 247 |

续表

| 绝缘类型 | 交联聚乙烯 | | | |
|---|---|---|---|---|
| 钢铠护套 | 无 | | 有 | |
| 敷设方式 | 空气中 | 直埋 | 空气中 | 直埋 |
| 缆芯截面积<br>（mm²）　240 | 378 | 292 | 373 | 292 |
| 300 | 433 | 332 | 428 | 328 |
| 400 | 506 | 378 | 501 | 374 |
| 500 | 579 | 428 | 574 | 424 |
| 环境温度（℃） | 40 | 25 | 40 | 25 |
| 土壤热阻系数（K·m/W） | / | 2.0 | / | 2.0 |

注：1. 表中系铝芯电缆数值，铜芯电缆的允许持续载流量值可乘以 1.29。

　　2. 缆芯工作温度大于 70℃时，允许载流量的确定还应符合下列规定：①数量较多的该类电缆敷设于未装机械通风的隧道、竖井时，应计入对环境温升的影响。②电缆直埋敷设在干燥或潮湿土壤中，除实施换土处理等能避免水分迁移的情况外，土壤热阻系数取值不宜小于 2.0K·m/W。

2）35kV 及以下电缆在不同环境温度时载流量的校正系数见表 2-6。

表 2-6　　　　　35kV 及以下电缆在不同环境温度时的

载流量的校正系数 $K$

| 敷设环境 | 空气中 | | | | 土壤中 | | | |
|---|---|---|---|---|---|---|---|---|
| 环境温度（℃） | 30 | 35 | 40 | 45 | 20 | 25 | 30 | 35 |
| 缆芯最高<br>工作温度<br>（℃）　60 | 1.22 | 1.11 | 1.0 | 0.86 | 1.07 | 1.0 | 0.93 | 0.85 |
| 65 | 1.18 | 1.09 | 1.0 | 0.89 | 1.06 | 1.0 | 0.94 | 0.87 |
| 70 | 1.15 | 1.08 | 1.0 | 0.91 | 1.05 | 1.0 | 0.94 | 0.88 |
| 80 | 1.11 | 1.06 | 1.0 | 0.93 | 1.04 | 1.0 | 0.95 | 0.90 |
| 90 | 1.09 | 1.05 | 1.0 | 0.94 | 1.04 | 1.0 | 0.96 | 0.92 |

注：其他环境温度下载流量的校正系数 $K$ 可按下式计算

$$K = \sqrt{\frac{\theta_m - \theta_2}{\theta_m - \theta_1}}$$

式中　$\theta_m$——缆芯最高工作温度，℃；

　　　$\theta_1$——对应于额定载流量的基准环境温度，℃：在空气中取 40℃，在土壤中取 25℃；

　　　$\theta_2$——实际环境温度，℃。

注　表 2-1～表 2-6 数据均来源于《配电网运行规程》（Q/GDW 519—2010）附表、《电力电缆线路运行规程》（DL/T 1253—2013）附表。

## 2.2 三相电缆的绝缘介质损耗计算

电缆是具有外保护层并且可能有填充、绝缘和保护材料的一个或多个导体和/或光纤的组合体。电缆线的电能损耗包括电阻损耗和绝缘介质损耗，电阻损耗计算方法同 2.1 节，绝缘介质损耗计算如下。

### 2.2.1 介质损耗

（1）绝缘介质。绝缘介质又称为电介质，是能够产生电极化现象的物质。电介质电阻率一般都很高，称为绝缘体。电工中，一般将电阻率超过 $10\Omega/cm$ 的物质归于电介质。电介质的带电粒子是被原子、分子的内力或分子间的力紧密束缚，因此这些粒子的电荷为束缚电荷，在外电场作用下，束缚电荷只能够在微观范围内移动，产生极化。

（2）介质损耗。绝缘材料在电场作用下，由于介质电导和介质极化的滞后效应，在其内部引起的能量损耗，称为介质损耗。介质损耗是极化的物质从时变电场吸收的功率，不包括由于物质电导率所吸收的功率。

（3）介质损耗角正切。介质损耗角正切又称介电损耗角正切，是指电介质在单位时间内每单位体积中将电能转化为热能而消耗的能量，是表征电介质材料在施加电场后介质损耗大小的物理量，以 $\tan\delta$ 来表示，$\delta$ 为介损角。介质损耗值（角）试验就是在被试绝缘设备两端施加交流电压，测量所产生的交流电流的有功分量和无功分量的比值。

（4）工作电容。为了使电缆绝缘中的电场强度分布均匀，中、高压电缆绝缘外面都有金属屏蔽层，从而导体与金属屏蔽层之间形成了电容器，当有电压时，该电容器的电容量即为工作电容。电缆电容的大小表征着绝缘品质的好坏，绝缘品质越好，其厚度大而均匀，则电容小。

#### 2.2.2　计算公式

电缆绝缘介质损耗计算公式为

$$\Delta A = U^2 \omega C \tan \delta t l \times 10^{-3} \qquad (2\text{-}22)$$

式中　$\Delta A$ ——绝缘介质的电能损耗，kWh；

$U$ ——电缆运行线电压，kV；

$\omega$ ——角频率，rad/s；

$C$ ——电缆每相的工作电容，μF/km；

$\tan \delta$ ——介质损耗角正切值，可取常规值，也可按 GB/T 3048.11

—2007 规定的方法实测；

$t$ ——运行时间，h；

$l$ ——电缆长度，km。

## 2.3　变压器的电能损耗计算

变压器是转移电能而不改变其交流电源频率的静止的电能转换器。电力变压器是将一个系统的交流电压和电流值变为另一个系统的不同电压和电流值，借以输送电能，其中由较高电压降至最末级配电电压、直接做配电用的变压器称为配电变压器。变压器根据绕组数不同分为双绕组变压器和三绕组变压器，其电能损耗包括负载损耗（可变损耗）和空载损耗（固定损耗）。

#### 2.3.1　双绕组变压器损耗计算

（1）双绕组变压器损耗电量计算。

1）变压器电能损耗的计算公式为

$$\Delta A = \Delta A_0 + \Delta A_R \qquad (2\text{-}23)$$

式中　$\Delta A$ ——变压器电能损耗，kWh；

$\Delta A_0$ ——空载电能损耗，kWh；

$\Delta A_R$——负载电能损耗，kWh。

2）负载电能损耗计算公式为

$$\Delta A_R = P_k \left( \frac{I_{rms}}{I_N} \right)^2 t \qquad (2\text{-}24)$$

式中　$\Delta A_R$——负载电能损耗，kWh；

　　　$P_k$——变压器的额定负载损耗，kW；

　　　$I_{rms}$——负载侧方均根电流，A；

　　　$I_N$——负载侧额定电流，A；

　　　$t$——运行时间，h。

3）空载电能损耗计算公式

$$\Delta A_0 = P_0 \left( \frac{U_{av}}{U_{tap}} \right)^2 t \qquad (2\text{-}25)$$

式中　$\Delta A_0$——空载电能损耗，kWh；

　　　$P_0$——变压器空载损耗，kW；

　　　$U_{av}$——平均电压，kV；

　　　$U_{tap}$——变压器的分接头电压，kV；

　　　$t$　——变压器运行时间，h。

（2）双绕组变压器负载损耗率计算。

1）变压器的负载损耗。变压器额定负载损耗 $P_k$ 近似等于额定电流 $I_N$ 流过变压器高低压绕组（$R_T$）时总的铜损耗（变压器的负载损耗也称为铜损），即

$$P_k = 3I_N^2 R_T \times 10^{-3} \ (kW) \qquad (2\text{-}26)$$

变压器运行时的动态负载损耗 $P_R$ 算式为

$$P_R = 3I_{rms}^2 R_T \times 10^{-3} \ (kW) \qquad (2\text{-}27)$$

上述式（2-26）、式（2-27）两个算式两端分别相除，得到如下算式

$$P_R = \frac{I_{rms}^2}{I_N^2} P_k \ (kW) \qquad (2\text{-}28)$$

24

将式（2-28）两端分别乘以变压器运行时间 $t$，即得到式（2-24）。

2）变压器的负载损耗率。设变压器的平均负载系数（平均输出的视在功率 $S$ 与变压器额定容量 $S_N$ 之比）为 $\beta$，变压器运行功率因数为 $\lambda$，则变压器首端输出功率 $P$ 为

$$P = \beta S_N \lambda$$

变压器的负载损耗率 $P_R$（%）为

$$
\begin{aligned}
P_R(\%) &= \frac{P_R}{P} \times 100\% = \frac{(I_{rms}/I_N)^2 P_k}{\beta S_N \lambda} \times 100\% = \frac{(kI_{av}/I_N)^2 P_k}{\beta S_N \lambda} \times 100\% \\
&= \frac{k^2 \beta^2 P_k}{\beta S_N \lambda} \times 100\% = \frac{k^2 \beta P_k}{S_N \lambda} \times 100\%
\end{aligned}
\tag{2-29}
$$

可见，变压器的负载损耗率的大小与变压器负荷波动损耗系数 $k^2$、平均负载系数 $\beta$、额定负载损耗 $P_k$ 成正比，与其额定容量、功率因数成反比。对于某一台变压器，其平均负载系数 $\beta$ 越高，负荷波动损耗系数 $k^2$ 越大，功率因数越小，变压器的负载损耗率越大；反之，变压器的负载损耗率越小。

（3）双绕组变压器空载损耗率计算。

1）变压器的空载损耗。变压器空载损耗与加在变压器上的电压和变压器工作的分接头电压有关。当变压器的分接电压 $U_{tap}$ 等于平均运行电压 $U_{av}$ 时，变压器的空载损耗功率为 $P_0$。当变压器的分接电压 $U_{tap}$ 不等于平均运行电压 $U_{av}$ 时，根据算式（2-25）可以得出变压器的实际空载损耗功率与标准空载损耗 $P_0$ 的关系见表 2-7。

表 2-7    变压器实际空载损耗与分接挡位的关系表

| 分接挡位 | 分接电压与运行电压的关系 | 实际空载损耗（kW） |
| --- | --- | --- |
| +10% | $U_{tap}=1.100\ 0U_{av}$ | $0.826\ 4P_0$ |
| +8.75% | $U_{tap}=1.087\ 5U_{av}$ | $0.845\ 6P_0$ |
| +7.5% | $U_{tap}=1.075\ 0U_{av}$ | $0.865\ 3P_0$ |
| +6.25% | $U_{tap}=1.062\ 5U_{av}$ | $0.885\ 8P_0$ |
| +5% | $U_{tap}=1.050\ 0U_{av}$ | $0.907P_0$ |

续表

| 分接挡位 | 分接电压与运行电压的关系 | 实际空载损耗（kW） |
|---|---|---|
| +3.8% | $U_{tap}=1.038\ 0U_{av}$ | $0.928\ 1P_0$ |
| +2.5% | $U_{tap}=1.025\ 0U_{av}$ | $0.951\ 8P_0$ |
| +1.25% | $U_{tap}=1.012\ 5U_{av}$ | $0.975\ 5P_0$ |
| −1.25% | $U_{tap}=0.987\ 5U_{av}$ | $1.025\ 5P_0$ |
| −2.5% | $U_{tap}=0.975\ 0U_{av}$ | $1.051\ 9P_0$ |
| −3.8% | $U_{tap}=0.962\ 0U_{av}$ | $1.080\ 6P_0$ |
| −5% | $U_{tap}=0.950\ 0U_{av}$ | $1.108\ 0P_0$ |
| −6.25% | $U_{tap}=0.937\ 5U_{av}$ | $1.137\ 8P_0$ |
| −7.5% | $U_{tap}=0.925\ 0U_{av}$ | $1.168\ 7P_0$ |
| −8.75% | $U_{tap}=0.912\ 5U_{av}$ | $1.201\ 0P_0$ |
| −10% | $U_{tap}=0.900\ 0U_{av}$ | $1.234\ 6P_0$ |

2）变压器的空载损耗率。变压器的空载损耗率式为

$$P_0(\%) = \frac{P_0}{P} \times 100\% = \frac{P_0}{\beta S_N \lambda} \times 100\% \qquad (2\text{-}30)$$

式中，变压器的空载损耗率的大小与变压器平均负载系数 $\beta$、额定容量、功率因数成反比。对于某一台变压器，其平均负载系数 $\beta$ 越高，功率因数越大，变压器的空载损耗率越小；反之，变压器的空载损耗率越大。

（4）变压器的综合损耗率。根据式（2-29）、式（2-30），变压器的综合损耗率式为

$$\Delta P(\%) = \frac{P_0 + P_R}{P} \times 100\% = \frac{P_0 + k^2 \beta^2 P_k}{\beta S_N \lambda} \times 100\% \qquad (2\text{-}31)$$

式中，变压器的空载损耗率与变压器平均负载系数 $\beta$ 成反比，变压器的负载损耗率与变压器平均负载系数 $\beta$ 成正比。

当变压器额定负载（$\beta=1$）、恒定负载（$k=1$）、标准有功功率（$\lambda=0.95$）

运行工况（额定工况）时，变压器的损耗率算式为

$$\Delta P(\%) = \frac{P_0 + P_k}{0.95 S_N} \times 100\% 。$$

（5）变压器的经济负载系数。对于某一台变压器，当负载损耗与空载损耗相等（$k^2 \beta^2 P_k = P_0$）时，变压器的有功损耗率 $\Delta P(\%)$ 最小，此时的平均负载系数为经济负载系数 $\beta_{jZ}$，计算式为

$$\beta_{jZ} = \sqrt{\frac{P_0}{k^2 P_k}} = \frac{1}{k}\sqrt{\frac{P_0}{P_k}} \tag{2-32}$$

### 2.3.2　三绕组变压器损耗计算

三绕组变压器电能损耗的计算公式为

$$\Delta A = \Delta A_0 + \Delta A_R \tag{2-33}$$

式中符号同式（2-23）。

其中，空载损耗计算同式（2-25），负载电能损耗计算公式为

$$\Delta A_R = \left[ P_{k1}\left(\frac{I_{rms1}}{I_{N1}}\right)^2 + P_{k2}\left(\frac{I_{rms2}}{I_{N2}}\right)^2 + P_{k3}\left(\frac{I_{rms3}}{I_{N3}}\right)^2 \right] t \tag{2-34}$$

式中　　　$\Delta A_R$ ——三绕组变压器的负载电能损耗，kWh；

$P_{k1}$、$P_{k2}$、$P_{k3}$ ——变压器高、中、低压绕组的额定负载损耗，kW；

$I_{rms1}$、$I_{rms2}$、$I_{rms3}$ ——变压器高、中、低压绕组的方均根电流值，A；

$I_{N1}$、$I_{N2}$、$I_{N3}$ ——变压器高、中、低压绕组的额定电流，A。

其中，变压器三个绕组的额定负载损耗 $P_{k1}$、$P_{k2}$、$P_{k3}$ 计算如下

$$\left.\begin{array}{l} P_{k1} = 0.5 \times (P_{k(1-2)} + P_{k(1-3)} - P_{k(2-3)}) \\ P_{k2} = P_{k(1-2)} - P_{k1} \\ P_{k3} = P_{k(1-3)} - P_{k1} \end{array}\right\} \tag{2-35}$$

式中　$P_{k(1-2)}$、$P_{k(1-3)}$、$P_{k(2-3)}$ ——变压器高压—中压、高压—低压、中压—低压绕组的短路损耗功率，kW。

对于三个绕组容量不相等的变压器，应把铭牌给出的 $P'_{k(1-2)}$、$P'_{k(1-3)}$、$P'_{k(2-3)}$ 归算到额定容量下的 $P_{k(1-2)}$、$P_{k(1-3)}$、$P_{k(2-3)}$，即

$$\left.\begin{aligned} P_{k(1-2)} &= P'_{k(1-2)}\left(\frac{S_1}{S_2}\right)^2 \\ P_{k(1-3)} &= P'_{k(1-3)}\left(\frac{S_1}{S_3}\right)^2 \\ P_{k(2-3)} &= P'_{k(2-3)}\left(\frac{S_1}{\min\{S_2,S_3\}}\right)^2 \end{aligned}\right\} \tag{2-36}$$

式中 $S_1$、$S_2$、$S_3$——高、中、低压绕组的额定容量，kVA。

注：三绕组变压器的负载损耗 $P_k$ 是指在带分接的绕组接在其主分接位置下，当该对绕组中的一个额定容量较小的绕组的线路端子上额定电流时，另一个绕组短路且其余绕组开路时，变压器所吸收的有功功率。

## 2.4 电容器的电能损耗计算

### 2.4.1 并联电容器损耗计算

以下计算是电容器本体的电能损耗计算，不包含其控制装置、金属氧化物限压器、间隙、冷却系统等其他设备的损耗，如串联电容器补偿装置中可控串补的晶闸管阀的损耗等。

（1）计算公式。并联电容器电能损耗的计算公式为

$$\Delta A = Q_C \tan \delta \cdot t \tag{2-37}$$

式中 $\Delta A$ ——并联电容器的电能损耗，kWh；

$Q_C$ ——投运的电容器容量，kvar；

$\tan\delta$ ——电容器介质损耗角正切值，可取出厂试验值；

$t$ ——运行时间，h。

（2）基本知识。

1）电容器损耗。电容器是贮存电荷的能力，在其他导体的影响可以忽略时，电容器的一个电极上贮积的电荷量与两电极之间的电压的比值就是电容量。电容器是用来提供电容的器件，是基本上以其电容为特征的两端器件，用于电网的电容器称为电力电容器。电容器所消耗的有功功率就是电容器的损耗，试验报告中的损耗是在额定频率和额定电压下电容器的有功损耗。电容器的损耗反映了电容器在电场作用下因发热而消耗的能量，包括介质损耗（介质漏电流引起的电导损耗、介质极化引起的极化损耗）和金属损耗（金属极板和引线端的接触电阻引起的损耗），即所有部件产生的损耗，如：对于单元应包括电介质、内部熔丝、内部放电器件、连接件等产生的损耗；对于电容器组则包括单元、外部熔断器、母线、放电电阻和阻尼电抗器等产生的损耗。

2）并联电容器。并联电容器是并联连接于电网中，主要用来补偿感性无功功率以改善功率因数的电容器。变电站中通常以电容器组（电气上连接在一起的若干电容器单元的组合体）和附件构成的并联电容器装置的形式出现。并联电容器装置是由并联电容器（组）和所有附件，如开关电器、串联电抗器、保护设备、控制器等按照设计要求组装的装置，可以在运行地点装配集成，也可以全部或部分在工厂装配集成。并联电容器装置宜装设在变压器的主要负荷侧，当不具备条件时，可装设在三绕组变压器的低压侧。

3）并联电容器的损耗角正切值标准。由于电容器损耗的存在，使得加在电容器上的工频交流电压与通过电容器的电流之间的相位角不是 $\pi/2$，而是稍小于 $\pi/2$，形成偏离角 $\delta$，称为电容器的损耗角。电容器的损耗值与无功功率（实测容量）之比就是电容器的损耗角正切值（$\tan\delta$），在规定正弦交流电压和频率下，它等于电容器的等效串联电阻与容抗之比。电容器单元在其电介质允许最高运行温度下的损耗角正切值应该不超过表 2-8 的标准值。

表 2-8　　　　　　　　电容器的损耗角正切值（tan$\delta$）标准

| 电容器单元 | 单元介质结构 | tan$\delta$（20℃） | 依 据 国 标 |
|---|---|---|---|
| 不带内部熔丝 | 膜纸复合（F） | ≤0.001 2 | GB 3983.2—2017《高电压并联电容器》 |
| | 全膜（M） | ≤0.000 5 | GB 3983.2—2017《高电压并联电容器》 |
| 带内部熔丝 | 膜纸复合（F） | ≤0.001 4 | JB/T 7112—2000《集合式高电压并联电容器》 |
| | 全膜（M） | ≤0.000 8 | JB/T 7112—2000《集合式高电压并联电容器》 |
| 有放电电阻和内部熔丝 | 膜纸复合（F） | ≤0.000 8 | DL/T 840—2003《高压并联电容器使用技术条件》 |
| | 全膜（M） | ≤0.000 5 | DL/T 840—2003《高压并联电容器使用技术条件》 |
| 无放电电阻和内部熔丝 | 全膜（M） | ≤0.000 3 | DL/T 840—2003《高压并联电容器使用技术条件》 |
| | 浸渍全纸 | ≤0.004 0 | GB 3983.1—2017《低电压并联电容器》 |
| | 浸渍纸膜复合 | ≤0.002 2 | GB 3983.1—2017《低电压并联电容器》 |
| | 浸渍全膜 | ≤0.001 5 | GB 3983.1—2017《低电压并联电容器》 |

注　损耗角正切不包括内放电线圈的损耗。

## 2.4.2　串联电容器损耗计算

（1）计算公式。串联电容器电能损耗的计算公式为

$$\Delta A = 3I_{rms}^2 \frac{1}{\omega C} \tan \delta \cdot t \times 10^{-3} \qquad (2-38)$$

$$\omega = 2\pi f$$

式中　$\Delta A$ ——串联电容器的电能损耗，kWh；

$\quad$ $I_{rms}$ ——通过串联电容器的方均根电流，A；

$\quad$ $\omega$ ——角频率，rad/s；

$\quad$ $f$ ——频率，Hz；

$\quad$ $C$ ——每相串联电容器组的电容，μF。

其他符号同式（2-37）。

（2）基本知识。

1）串联电容器。串联电容器是串联连接于电力线路中，主要用来补偿（减少）220kV 及以上电力线路感抗的电容器。它只能应用于高电压电力系统，用于补偿线路电感的无功电压，而不是补偿无功电流。串联电容器提供的补偿量与线路电流的二次方成正比，与线路的电压无关。

2）串补装置或串补。串补在输电线路中，由电容器组及其保护、控制等辅助设备组成的装置，称为串联电容器补偿装置（SC），简称串补装置或串补。在输电线路串入串联电容器补偿装置可以补偿线路阻抗，使线路末端电压升高，减少电压损失，减少系统电压波动，提高电力系统稳定性，增加线路输送容量，提高送电端功率因数，减少线路的功率损耗，优化并联回路间的电力分配。

3）固定串补。将电容器串接于输电线路中，并配有旁路开关、隔离开关、串补平台、支撑绝缘子、控制保护系统等辅助设备组成的装置，称为固定串联电容器补偿装置（FSC），简称固定串补。将并联有晶闸管阀及其电抗器的电容器串接于输电线路中，并配有旁路开关、隔离开关、串补平台、支撑绝缘子、控制保护系统等辅助设备组成的装置，称为晶闸管控制串联电容器补偿装置（TCSC），简称可控串补。

4）串补装置损耗评估方法。根据《串联电容器补偿装置　设计导则》（DL/T 1219—2013）中的 8.2 规定，进行损耗评估。在串补装置设计的运行范围内，对串补装置在不同运行方式下的总损耗分别计算并取平均值作为最终结果。在损耗评估中，母线、电缆等的损耗没有包括在内，并忽略了与谐波电流相关的损耗。串补装置中的电容器组损耗参见式（2-37）。

串补装置中的电容器功率损耗 $P_L$ 算式为

$$P_L = 3R_L I^2 \qquad (2-39)$$

式中　$R_L$——电容器的直流电阻值，可从电抗器试验报告中查得；

　　　$I$——流过电抗器的电流，A。

# 2.5　电抗器的电能损耗计算

## 2.5.1　串联电抗器损耗计算

电抗器是由于电感而在电路或电力系统中使用的电器，是基本上以其电感为特征的两端器件。在电力系统中与高压并联电容器组相串联的用以抑制电网电压波形畸变和控制流过电容器的谐波电流，及限制电容器组合闸涌流为目的的电抗器称为串联电抗器；在系统中做串联连接，用以限制系统出现故障时电流的电抗器称为限流电抗器。装置中串联电抗器额定感抗与电容器额定容抗的百分比值（$K$），称为额定电抗率。

串联电抗器电能损耗的计算公式为

$$\Delta A = 3P_k \left( \frac{I_{rms}}{I_N} \right)^2 t \tag{2-40}$$

式中　　$\Delta A$ ——串联电抗器的电能损耗，kWh；

$\qquad$ $P_k$ ——一相电抗器的额定损耗，kW；

$\qquad$ $I_{rms}$ ——通过串联电抗器的方均根电流，A；

$\qquad$ $I_N$ ——串联电抗器的额定电流，A；

$\qquad$ $t$ ——电抗器运行时间，h。

## 2.5.2　并联电抗器损耗计算

并联连接在系统中，用以补偿电容电流的电抗器称为并联电抗器。当长距离、大容量输电线路负载较小（或末端开路）时或长距离电缆线路运行时，会出现工频过电压，解决该问题的常用方法是在线路中并联电抗器。并联电抗器用于吸收系统中的容性无功功率、限制过电压、抑制同步电机带轻载时可能出现的自励磁现象，起到稳定和保护电力系统的作用。

并联电抗器的损耗根据出厂试验值按标准条件进行计算，算式如下

$$\Delta A = P_n t \qquad (2\text{-}41)$$

式中　$\Delta A$ ——并联电抗器的电能损耗，kWh；

　　　$P_n$ ——三相电抗器额定损耗，kW；

　　　$t$ ——电抗器运行时间，h。

# 2.6　其他元件的电能损耗计算

## 2.6.1　调相机的电能损耗计算

调相机电能损耗包括调相机本体电能损耗和辅机电能损耗。

（1）本体电能损耗。调相机本体电能损耗的计算公式为

$$\Delta A = |Q| \frac{\Delta P(\%)}{100} t \qquad (2\text{-}42)$$

式中　$\Delta A$ ——调相机本体的电能损耗，kWh；

　　　$|Q|$ ——代表日调相机所发无功功率绝对值的平均值，kvar；

　　$\Delta P(\%)$ ——平均无功负荷的有功功率损耗率，根据厂家提供数据或试验测定，kW/kvar；

　　　$t$ ——调相机运行时间，h。

（2）辅机电能损耗。辅机的电能损耗按代表日（月）调相机辅机电能表的抄见电能（kWh）计算。

## 2.6.2　辅助元件的电能损耗

辅助元件包括电流互感器、电压互感器、电能表等，其中电流互感器、电压互感器的电能损耗可按照其额定损耗限值计算。

（1）电压互感器的损耗。应以厂家提供的每台（每组三台）电压互感器的损耗功率数据为依据乘以运行时间计算求得。当无法得到厂

家数据时，可参考下列数据估算。

1）220～330kV 电压互感器：2kW/台（相），3×2kW/组，或144kWh/日；

2）66～110kV 电压互感器：1kW/台（相），3×1kW/组，或72kWh/日；

3）10（6/20）～35kV 电压互感器：0.1kW/台（相），3×0.1kW/组，或 7.2kWh/日。

（2）电流互感器的损耗。应以厂家提供的每相（每组三台）电流互感器的额定输出容量（VA）值为依据，乘以功率因数 0.8，乘以运行时间计算求得。

电流互感器额定二次负荷（2.5～50VA）参考值如下：

1）0.4kV 时，取 2.5VA，或 0.05kWh/日；

2）10（6）kV 时，5VA，或 0.1kWh/日；

3）35kV 时，10VA，或 0.2kWh/日；

4）66kV 时，15VA，或 0.3kWh/日；

5）110kV 时，20VA，或 0.4kWh/日；

6）220kV 时，25VA，或 0.5kWh/日；

7）330kV 时，30VA，或 0.6kWh/日；

8）500kV 时，40VA，或 0.8kWh/日；

9）1 000kV 时，50VA，或 1kWh/日。

注：参考《电流互感器和电压互感器选择及计算规程》（DL/T 866—2015）。

（3）电能表的损耗。应以厂家提供的每只电能表的功耗数据为依据乘以运行时间计算求得。当无法得到厂家数据时，可参考下列数据估算：

1）单相表：1.4W/只，0.03kWh/日；

2）三相三线表：2.8W/只，0.06kWh/日；

3）三相四线表：4.2W/只，0.10kWh/日。

或电能表的月损耗电量按单相表 1kWh/只、三相三线表 2kWh/只、三相四线表 3kWh/只估算。

（4）测量仪表和保护装置电流回路的损耗。

1）对于电子式仪表，其测量仪表电流回路的功耗参考值为 0.2～1.0VA；

2）对于保护和自动装置（DP 微机型）电流回路的损耗功耗参考值为不大于 1.0VA。

注：1. 若按照 1VA 估算日损耗，则为 0.02kWh/日；

2. 数据来源《电流互感器和电压互感器选择及计算规程》（DL/T 866—2015）中的附录 E。

## 2.7 交流元件电能损耗计算实例

### 2.7.1 架空线路电阻损耗的五种算法比较

下面以 110kV 架空线路高滨线为例，按积分电流法、方均根电流法、平均电流法、基于负荷率的平均电流法、最大电流法分别计算该架空线路的电能损耗，进行不同算法比较，研究其影响程度。

【实例 2-1】 110kV 高滨线输送距离 10km，导线型号 JL/G1A-185（20℃时的直流电阻 0.164Ω/km）。计算日环境温度为 20℃，线路首端的运行电压为 115kV，功率因数为 0.96，每 5min 测点电流值见表 2-9，试按积分法、方均根电流法、平均电流法、最大电流法分别计算该线路的电能损耗及线损率。

表 2-9　　110kV 高滨线路计算日每 5min 测点电流值一览表　　（A）

| 分钟 | 小时 | | | | | | | |
|---|---|---|---|---|---|---|---|---|
| | 1 | 2 | 3 | 4 | 5 | 6 | 7 | 8 |
| 5 | 93.69 | 89.82 | 92.82 | 91.93 | 92.64 | 92.64 | 87.01 | 97.38 |
| 10 | 96.855 | 89.65 | 94.39 | 78.22 | 92.46 | 91.76 | 90.7 | 100.37 |
| 15 | 98.96 | 93.52 | 94.22 | 78.04 | 93.52 | 92.46 | 92.64 | 101.42 |

续表

| 分钟 | 小时 | | | | | | | |
|---|---|---|---|---|---|---|---|---|
| | 1 | 2 | 3 | 4 | 5 | 6 | 7 | 8 |
| 20 | 99.67 | 94.22 | 95.45 | 77.69 | 94.39 | 94.57 | 97.38 | 101.07 |
| 25 | 101.43 | 98.79 | 94.92 | 87.19 | 91.58 | 94.22 | 96.69 | 100.55 |
| 30 | 101.25 | 96.15 | 90.35 | 87.89 | 94.04 | 81.92 | 97.03 | 101.78 |
| 35 | 86.48 | 98.79 | 90.71 | 83.67 | 92.11 | 76.11 | 97.38 | 101.43 |
| 40 | 97.73 | 100.72 | 91.58 | 90.35 | 91.05 | 76.46 | 97.73 | 88.95 |
| 45 | 97.38 | 98.62 | 89.82 | 92.64 | 88.07 | 78.46 | 100.72 | 89.47 |
| 50 | 83.32 | 99.14 | 90.7 | 91.93 | 90.87 | 88.6 | 95.81 | 90.88 |
| 55 | 94.57 | 96.15 | 93.34 | 94.22 | 88.07 | 85.78 | 98.79 | 95.1 |
| 60 | 92.11 | 94.57 | 93.16 | 94.75 | 90.35 | 87.54 | 99.49 | 104.94 |

| 分钟 | 小时 | | | | | | | |
|---|---|---|---|---|---|---|---|---|
| | 9 | 10 | 11 | 12 | 13 | 14 | 15 | 16 |
| 5 | 106.87 | 118.65 | 130.08 | 121.64 | 133.95 | 131.84 | 116.89 | 128.67 |
| 10 | 109.34 | 123.05 | 130.08 | 134.82 | 132.95 | 130.61 | 109.68 | 128.32 |
| 15 | 110.92 | 121.64 | 131.84 | 130.95 | 131.48 | 130.08 | 109.68 | 127.79 |
| 20 | 96.68 | 123.4 | 132.89 | 132.18 | 131.13 | 129.03 | 121.84 | 126.21 |
| 25 | 114.26 | 123.4 | 133.59 | 132.36 | 131.65 | 129.37 | 120.32 | 126.03 |
| 30 | 116.89 | 126.92 | 134.47 | 131.31 | 131.78 | 126.74 | 122.69 | 123.75 |
| 35 | 117.42 | 127.62 | 134.65 | 134.3 | 132.01 | 108.98 | 117.94 | 124.91 |
| 40 | 115.66 | 132.36 | 135.1 | 137.28 | 132.02 | 122.17 | 120.76 | 123.06 |
| 45 | 118.83 | 128.49 | 137.28 | 135.35 | 134.3 | 123.57 | 121.11 | 122.34 |
| 50 | 105.12 | 129.9 | 136.58 | 135.7 | 132.36 | 122.87 | 121.64 | 123.34 |
| 55 | 105.11 | 131.31 | 137.28 | 136.23 | 132.89 | 123.74 | 126.38 | 123.05 |
| 60 | 120.94 | 128.67 | 121.99 | 136.05 | 131.66 | 122.69 | 127.62 | 121.47 |

| 分钟 | 小时 | | | | | | | |
|---|---|---|---|---|---|---|---|---|
| | 17 | 18 | 19 | 20 | 21 | 22 | 23 | 24 |
| 5 | 124.45 | 131.66 | 137.82 | 121.11 | 121.99 | 119.01 | 117.77 | 109.34 |
| 10 | 125.33 | 137.46 | 140.15 | 121.64 | 122.52 | 116.54 | 116.89 | 111.22 |
| 15 | 125.31 | 136.58 | 142.75 | 124.1 | 122.34 | 115.13 | 119.48 | 108.98 |
| 20 | 128.49 | 134.29 | 132.01 | 120.41 | 120.76 | 112.45 | 115.84 | 105.29 |

| 分钟 | 小时 | | | | | | | |
|---|---|---|---|---|---|---|---|---|
| | 17 | 18 | 19 | 20 | 21 | 22 | 23 | 24 |
| 25 | 126.92 | 129.38 | 124.98 | 123.46 | 119.88 | 110.75 | 113.21 | 107.93 |
| 30 | 121.47 | 130.59 | 122.52 | 121.11 | 122.17 | 112.85 | 113.21 | 107.05 |
| 35 | 123.05 | 131.64 | 123.05 | 123.39 | 121.46 | 115.13 | 111.38 | 104.06 |
| 40 | 116.19 | 137.64 | 121.16 | 120.41 | 120.76 | 115.13 | 111.79 | 90.55 |
| 45 | 133.24 | 136.58 | 123.75 | 121.64 | 122.17 | 111.97 | 115.84 | 101.89 |
| 50 | 134.3 | 134.3 | 124.45 | 123.05 | 120.41 | 110.92 | 111.97 | 104.06 |
| 55 | 129.37 | 134.31 | 123.75 | 121.52 | 119.88 | 111.27 | 111.81 | 101.42 |
| 60 | 130.96 | 137.46 | 121.11 | 123.05 | 117.77 | 116.89 | 111.79 | 102.66 |

**解**：已知线路首端运行电压 $U$=115kV，功率因数 $\lambda$=0.96，线路每相导线电阻 $R=r_0L=0.164\times10=1.64$（$\Omega$），运行时间 $t$=24h，积分时间 $t$ 间隔粒度 d$t$ 为 5min=0.083 3h，计算日 $t=t_1$、$t_2\cdots t_{288}$，在 24 个整点电流中，$I_{max}$=137.46A，$I_{min}$=87.54A。

**1．积分电流法**

（1）高滨线路日供电量 $A$ 的计算

$$A = \sqrt{3}U\lambda\int_{t1}^{t_{288}}i(t)\mathrm{d}t$$
$$=1.732\times115\times0.96\times32\,570\times0.083\,3$$
$$=518\,776(\mathrm{kWh})$$

式中，32 570 为 288 个时点电流值的积分值。

（2）高滨线路日损耗电量 $\Delta A$ 的计算

$$\Delta A = 3\int_{t1}^{t_{288}}i^2(t)R\mathrm{d}t\times10^{-3}$$
$$=3\times3\,762\,530\times1.64\times0.083\,3\times10^{-3}$$
$$=1\,542(\mathrm{kWh})$$

式中，3 762 530 为 288 个时点电流值的平方和。

（3）高滨线路日损耗率 $\Delta A$% 的计算

$$\Delta A\% = \frac{\Delta A}{A} \times 100\% = \frac{1\,542}{518\,776} \times 100\%$$
$$= 0.297\,2\%$$

**2．方均根电流法**

（1）方均根电流计算

$$I_{rms} = \sqrt{(I_1^2 + I_2^2 + \cdots + I_{24}^2)/24} = \sqrt{(92.11^2 + 94.57^2 + \cdots + 102.66^2)/24}$$
$$= 114.79(A)$$

式中，$I_1$、$I_2$、$\cdots$、$I_{24}$ 为整点电流值。

（2）高滨线路日供电量 $A$ 的计算

$$A = \sqrt{3} I_{rms} U \lambda t$$
$$= 1.732 \times 114.79 \times 115 \times 0.96 \times 24$$
$$= 526\,784(kWh)$$

（3）高滨线路日损耗电量 $\Delta A$ 的计算

$$\Delta A = 3 I_{rms}^2 R t \times 10^{-3}$$
$$= 3 \times 114.79^2 \times 1.64 \times 24 \times 10^{-3}$$
$$= 1\,556(kWh)$$

（4）高滨线路日损耗率 $\Delta A\%$的计算

$$\Delta A\% = \frac{\Delta A}{A} \times 100\% = \frac{1\,556}{526\,784} \times 100\%$$
$$= 0.295\,4\%$$

**3．平均电流法**

（1）平均电流计算

$$I_{av} = \sqrt{(I_1 + I_2 + \cdots + I_{24})/24} = \sqrt{(92.11 + 94.57 + \cdots + 102.66)/24}$$
$$= 113.74(A)$$

（2）形状系数 $k$ 的计算

$$k = \frac{I_{rms}}{I_{av}} = \frac{114.79}{113.74} = 1.009\,3$$

（3）高滨线路日供电量 $A$ 的计算

$$A = \sqrt{3}kI_{av}U\lambda t$$
$$= 1.732 \times 1.009\ 3 \times 113.74 \times 115 \times 0.96 \times 24$$
$$= 526\ 819 （kWh）$$

（4）高滨线路日损耗电量 $\Delta A$ 的计算

$$\Delta A = 3k^2I_{av}^2Rt \times 10^{-3}$$
$$= 3 \times 1.009\ 3^2 \times 113.74^2 \times 1.64 \times 24 \times 10^{-3}$$
$$= 1\ 556 （kWh）$$

（5）高滨线路日损耗率 $\Delta A\%$ 的计算

$$\Delta A\% = \frac{\Delta A}{A} \times 100\% = \frac{1\ 556}{526\ 784} \times 100\%$$
$$= 0.295\ 4\%$$

**4．基于负荷率的平均电流法**

（1）$k^2$ 根据负荷曲线的平均负荷率（$f$）与最小负荷率（$\beta$）确定

平均负荷率（$f$）为

$$f = \frac{I_{av}}{I_{max}} = \frac{113.74}{137.46} = 0.827\ 4 > 0.5$$

最小负荷率（$\beta$）为

$$\beta = \frac{I_{min}}{I_{max}} = \frac{87.54}{137.46} = 0.636\ 8$$

则，按直线变化的持续负荷曲线计算 $k^2$

$$k^2 = \frac{\beta + \frac{1}{3}(1-\beta)^2}{\left(\frac{1+\beta}{2}\right)^2} = \frac{0.6368 + (1-0.6368)^2/3}{(1+0.6368)^2/4}$$
$$= 1.016\ 4$$
$$k = 1.008\ 2$$

（2）高滨线路日供电量 $A$ 的计算

$$A = \sqrt{3}kI_{av}U\lambda t$$
$$= 1.732 \times 1.008\ 2 \times 113.74 \times 115 \times 0.96 \times 24$$
$$= 526\ 245(kWh)$$

（3）高滨线路日损耗电量 $\Delta A$ 的计算

$$\Delta A = 3k^2 I_{av}^2 Rt \times 10^{-3}$$
$$= 3 \times 1.008\,2^2 \times 113.74^2 \times 1.64 \times 24 \times 10^{-3}$$
$$= 1\,553\,(\text{kWh})$$

（4）高滨线路日损耗率 $\Delta A\%$ 的计算

$$\Delta A\% = \frac{\Delta A}{A} \times 100\% = \frac{1\,553}{526\,245} \times 100\%$$
$$= 0.295\,1\%$$

**5. 最大电流法**

（1）损耗因数 $F$ 的计算

由于 $f > 0.5$，则

$$F = \beta + (1-\beta^2)/3 = 0.636\,8 + (1-0.636\,8^2)/3$$
$$= 0.835\,0$$

（2）高滨线路日损耗电量 $\Delta A$ 的计算

$$\Delta A = 3F^2 I_{max}^2 Rt \times 10^{-3}$$
$$= 3 \times 0.835^2 \times 137.46^2 \times 1.64 \times 24 \times 10^{-3}$$
$$= 1\,556(\text{kWh})$$

（3）高滨线路日供电量 $A$ 的计算

$$A = \sqrt{3} F I_{max} U \lambda t$$
$$= 1.732 \times 0.835 \times 137.46 \times 115 \times 0.96 \times 24$$
$$= 526\,734\,(\text{kWh})$$

（4）高滨线路日损耗率 $\Delta A\%$ 的计算

$$\Delta A\% = \frac{\Delta A}{A} \times 100\% = \frac{1\,556}{526\,734} \times 100\%$$
$$= 0.295\,3\%$$

**6. 五种算法计算结果比较**

基于不同算法的架空输电线路线损计算结果比较见表 2-10。

表 2-10　基于不同算法的架空输电线路线损计算结果比较表

| 算法 | 积分电流法 | 方均根电流法 | 平均电流法 | 基于负荷率的平均电流法 | 最大电流法 |
|---|---|---|---|---|---|
| 供电量（kWh） | 518 776 | 526 784 | 526 819 | 526 245 | 526 734 |
| 损耗电量（kWh） | 1 542 | 1 556 | 1 556 | 1 553 | 1 556 |
| 线损率（%） | 0.297 2 | 0.295 4 | 0.295 4 | 0.295 1 | 0.295 3 |

结论：积分电流法计算的供电量、线损率均为最大，线损率与其他算法比高出 0.001 8～0.002 1 个百分点，线损率相差在小数点后三位上。其他几种算法供电量、线损电量、线损率相差均较小，线损率相差在小数点后四位上。因此，进行理论计算时，根据现场条件选择上述任何方法计算，均能够满足线损管理需要。

## 2.7.2　四种典型温度下线路等值电阻计算

下面选择 20、40、0、−20℃四种环境温度条件，计算多截面架空线路的等效电阻，比较温度对电阻的影响程度。

【实例 2-2】　220kV 灵山变电站有一出线供 110kV 卫河、海河两个变电站（如图 2-1 所示），其中线段 L1 为架空线路，其导线型号为 JL/G1A-300（$r_{1(20℃)}$=0.10Ω/km、$I_{yx1}$=745A），长度 6.8km；线段 L2 为架空线路，其导线型号为 JL/G1A-185（$r_{2(20℃)}$=0.164Ω/km、$I_{yx2}$=535A），长度 3.205 4km；线段 L3 为电缆线路，其导线型号为 YJLW02-630（$r_{2(20℃)}$=0.046 9Ω/km、$I_{yx3}$=1 080A），长度 0.39km。计算日各线段的方均根电流如图所示。试按环境温度 20、40、0、−20℃条件下分

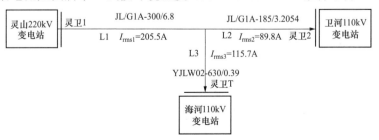

图 2-1　110kV 灵卫线路接线示意图

别计算该线路的等效电阻。

**解：**（1）环境温度 20℃时线路的等效电阻计算

$$R_{el} = \frac{\sum_{i=1}^{m} I_{rmsi}^2 r_{0i(20)} L_i \left[1 + 0.2 \times \left(\frac{I_{rmsi}}{I_{yxi}}\right)^2\right]}{I_{\Sigma}^2} = \frac{\sum_{i=1}^{3} I_{rmsi}^2 r_{0i(20)} L_i \left[1 + 0.2 \times \left(\frac{I_{rmsi}}{I_{yxi}}\right)^2\right]}{I_{rms1}^2}$$

$$= \frac{I_{rms1}^2 r_{01(20)} L_1 \left[1 + 0.2 \times \left(\frac{I_{rms1}}{I_{yx1}}\right)^2\right] + I_{rms2}^2 r_{02(20)} L_2 \left[1 + 0.2 \times \left(\frac{I_{rms2}}{I_{yx2}}\right)^2\right]}{I_{rms1}^2}$$

$$+ I_{rms3}^2 r_{03(20)} L_3 \left[1 + 0.2 \times \left(\frac{I_{rms3}}{I_{yx3}}\right)^2\right]$$

$$= \frac{205.5^2 \times 0.1 \times 6.8 \times \left[1 + 0.2 \times \left(\frac{205.5}{745}\right)^2\right] + 89.8^2 \times 0.164 \times 3.2054}{205.5^2}$$

$$\times \left[1 + 0.2 \times \left(\frac{89.8}{535}\right)^2\right]$$

$$+ \frac{115.7^2 \times 0.0469 \times 0.39 \times \left[1 + 0.2 \times \left(\frac{115.7}{1080}\right)^2\right]}{205.5^2}$$

$$= 0.797 \, (\Omega)$$

（2）环境温度 40℃时线路的等效电阻计算

$$R_{el} = \frac{\sum_{i=1}^{m} I_{rmsi}^2 r_{0i(20)} L_i \left[1 + 0.2 \times \left(\frac{I_{rmsi}}{I_{yxi}}\right)^2 + 0.004(t_{av} - 20)\right]}{I_{\Sigma}^2}$$

$$= \frac{\sum_{i=1}^{3} I_{rmsi}^2 r_{0i(20)} L_i \left[1 + 0.2 \times \left(\frac{I_{rmsi}}{I_{yxi}}\right)^2 + 0.004(40 - 20)\right]}{I_{rms1}^2}$$

$$\begin{aligned}
&= \frac{\begin{aligned}&205.5^2 \times 0.1 \times 6.8 \times \left[1 + 0.2 \times \left(\frac{205.5}{745}\right)^2 + 0.08\right] + 89.8^2\\ &\times 0.164 \times 3.2054 \times \left[1 + 0.2 \times \left(\frac{89.8}{535}\right)^2 + 0.08\right]\end{aligned}}{205.5^2}\\
&\quad + \frac{115.7^2 \times 0.0469 \times 0.39 \times \left[1 + 0.2 \times \left(\frac{115.7}{1080}\right)^2 + 0.08\right]}{205.5^2}
\end{aligned}$$

$$= 0.86 \ (\Omega)$$

（3）环境温度 0℃时线路的等效电阻计算

$$\begin{aligned}
R_{el} &= \frac{\sum\limits_{i=1}^{m} I_{rmsi}^2 r_{0i(20)} L_i \left[1 + 0.2 \times \left(\frac{I_{rmsi}}{I_{yxi}}\right)^2 + 0.004(t_{av} - 20)\right]}{I_{\Sigma}^2}\\
&= \frac{\sum\limits_{i=1}^{3} I_{rmsi}^2 r_{0i(20)} L_i \left[1 + 0.2 \times \left(\frac{I_{rmsi}}{I_{yxi}}\right)^2 + 0.004(0 - 20)\right]}{I_{rms1}^2}
\end{aligned}$$

$$\begin{aligned}
&= \frac{\begin{aligned}&205.5^2 \times 0.1 \times 6.8 \times \left[1 + 0.2 \times \left(\frac{205.5}{745}\right)^2 - 0.08\right] + 89.8^2\\ &\times 0.164 \times 3.2054 \times \left[1 + 0.2 \times \left(\frac{89.8}{535}\right)^2 - 0.08\right]\end{aligned}}{205.5^2}\\
&\quad + \frac{115.7^2 \times 0.0469 \times 0.39 \times \left[1 + 0.2 \times \left(\frac{115.7}{1080}\right)^2 - 0.08\right]}{205.5^2}
\end{aligned}$$

$$= 0.734 \ (\Omega)$$

（4）环境温度-20℃时线路的等效电阻计算

$$R_{el} = \frac{\sum_{i=1}^{m} I_{\mathrm{rms}i}^2 r_{0i(20)} L_i \left[ 1 + 0.2 \times \left( \frac{I_{\mathrm{rms}i}}{I_{\mathrm{yx}i}} \right)^2 + 0.004(t_{\mathrm{av}} - 20) \right]}{I_{\Sigma}^2}$$

$$= \frac{\sum_{i=1}^{3} I_{\mathrm{rms}i}^2 r_{0i(20)} L_i \left[ 1 + 0.2 \times \left( \frac{I_{\mathrm{rms}i}}{I_{\mathrm{yx}i}} \right)^2 + 0.004(-20 - 20) \right]}{I_{\mathrm{rms}1}^2}$$

$$= \frac{205.5^2 \times 0.1 \times 6.8 \times \left[ 1 + 0.2 \times \left( \frac{205.5}{745} \right)^2 - 0.16 \right] + 89.8^2}{205.5^2}$$
$$\times 0.164 \times 3.2054 \times \left[ 1 + 0.2 \times \left( \frac{89.8}{535} \right)^2 - 0.16 \right]$$

$$+ \frac{115.7^2 \times 0.0469 \times 0.39 \times \left[ 1 + 0.2 \times \left( \frac{115.7}{1080} \right)^2 - 0.16 \right]}{205.5^2}$$

$$= 0.671 \ (\Omega)$$

注：该实例展示了不同温度条件下的分支线路的等效电阻算法。由于配电线路由许多不同截面、不同长度的分支线路构成，要准确计算其电阻非常困难，因此，可以假设一个等效电阻 $R_{el}$ 通过线路出口总电流时产生的损耗，与各不同的分段电流通过分段电阻产生损耗的总和值相等。通过线路等效电阻的一次测算，在线路网络结构不变的情况下，就可以很方便地近似计算线路负荷变化时的任何时段的线路损耗。

### 2.7.3  常见电缆的介质损耗计算实例

下面以 110kV 交联聚乙烯绝缘电缆绝缘介质的电能损耗计算为例，计算其单位长度日电能损耗电量。

【实例 2-3】  以 110kV 交联聚乙烯绝缘电缆（YJLW02-110/1×630

型）为例，其运行电压取 115kV，其介质损耗角正切值 $\tan\delta=0.008$，其每 km 工作电容为 0.188μF/km，计算每 km 交联聚乙烯绝缘电缆绝缘介质的日电能损耗。

**解：** 根据算式（2-22）计算：

$$\Delta A = U^2 \omega C \tan\delta t l \times 10^{-3} = 115^2 \times 2 \times 3.14 \times 50 \times 0.188 \times 0.008 \times 24 \times 1 \times 10^{-3}$$
$$= 149.95 \text{ (kWh)}$$

同理，可以计算出如下常见配电线路电缆的绝缘介质日电能损耗量见表 2-11。

表 2-11　常见交联聚乙烯绝缘电缆的日绝缘介质电能损耗量

| 序号 | 电缆规格型号 | 标称电压/运行电压 $U$（kV） | 工作电容 $C$（μF/km） | 绝缘介质日电能损耗 $\Delta A$（kWh/km） |
|---|---|---|---|---|
| 1 | YJV（YJLV）-35/3×185 | 35/37 | 0.180 | 14.86 |
| 2 | YJV（YJLV）-35/3×150 | 35/37 | 0.164 | 13.54 |
| 3 | YJV（YJLV）-35/3×120 | 35/37 | 0.153 | 12.63 |
| 4 | YJV（YJLV）-10/3×240 | 10/10.5 | 0.339 | 2.25 |
| 5 | YJV（YJLV）-10/3×185 | 10/10.5 | 0.307 | 2.04 |
| 6 | YJV（YJLV）-10/3×150 | 10/10.5 | 0.284 | 1.89 |
| 7 | YJV（YJLV）-10/3×120 | 10/10.5 | 0.261 | 1.73 |
| 8 | YJV（YJLV）-10/3×95 | 10/10.5 | 0.240 | 1.60 |

注　电缆单位长度工作电容来源于百度文库。

### 2.7.4　变压器的损耗率计算实例

（1）变压器损耗率与经济负载系数计算。

**【实例 2-4】** 根据《油浸式电力变压器技术参数和要求》（GB/T 6451—2015）中相关参数，计算常见双绕组变压器的额定损耗率与经济负载系数计算。

**解：** 根据《油浸式电力变压器技术参数和要求》（GB/T 6451—

45

2015）中常用额定容量变压器的参数，结合算式（2-31）、式（2-32），可以计算出常见双绕组变压器额定工况下的额定损耗率与经济负载系数，见表 2-12。

表 2-12　　　　常见双绕组变压器额定工况下的
额定损耗率与经济负载系数表

| 变压器系列 | 变压器容量（kVA） | 空载损耗（kW） | 负载损耗（kW） | 额定损耗率（$\lambda=0.95$） | 经济负载系数（$k=1$） | 经济损耗率（$\lambda=0.95$） |
|---|---|---|---|---|---|---|
| S13 系列配电变压器（10kV/0.4kV） | 100 | 0.15 | 1.58 | 1.82 | 0.31 | 1.02 |
| | 200 | 0.24 | 2.73 | 1.56 | 0.30 | 0.85 |
| | 400 | 0.41 | 4.52 | 1.30 | 0.30 | 0.72 |
| | 800 | 0.70 | 7.50 | 1.08 | 0.31 | 0.60 |
| S11 系列配电变压器（10kV/0.4kV） | 100 | 0.20 | 1.58 | 1.87 | 0.36 | 1.18 |
| | 200 | 0.34 | 2.73 | 1.62 | 0.35 | 1.01 |
| | 400 | 0.57 | 4.52 | 1.34 | 0.36 | 0.84 |
| | 800 | 0.98 | 7.50 | 1.12 | 0.36 | 0.71 |
| S11 系列配电变压器（35kV/0.4kV） | 500 | 0.68 | 6.91 | 1.60 | 0.31 | 0.91 |
| | 1 000 | 1.15 | 11.50 | 1.33 | 0.32 | 0.77 |
| SZ11 系列电力变压器（35kV/10kV） | 5 000 | 4.64 | 34.20 | 0.82 | 0.37 | 0.53 |
| | 10 000 | 9.28 | 48.00 | 0.60 | 0.44 | 0.44 |
| SZ11 系列电力变压器（66kV/10kV） | 20 000 | 19.20 | 81.60 | 0.53 | 0.49 | 0.42 |
| | 31 500 | 26.90 | 120.00 | 0.49 | 0.47 | 0.38 |
| | 40 000 | 32.20 | 141.00 | 0.46 | 0.48 | 0.35 |
| SZ11 系列电力变压器（110kV/10kV） | 31 500 | 24.60 | 123.00 | 0.49 | 0.45 | 0.37 |
| | 40 000 | 29.40 | 148.00 | 0.47 | 0.45 | 0.35 |
| | 50 000 | 35.20 | 175.00 | 0.44 | 0.45 | 0.33 |
| S9 系列配电变压器（10kV/0.4kV） | 100 | 0.29 | 1.58 | 1.97 | 0.43 | 1.43 |
| | 200 | 0.48 | 2.73 | 1.69 | 0.42 | 1.20 |
| | 400 | 0.80 | 4.52 | 1.40 | 0.42 | 1.00 |
| | 800 | 1.40 | 7.50 | 1.17 | 0.43 | 0.85 |

续表

| 变压器系列 | 变压器容量（kVA） | 空载损耗（kW） | 负载损耗（kW） | 额定损耗率（λ=0.95） | 经济负载系数（k=1） | 经济损耗率（λ=0.95） |
|---|---|---|---|---|---|---|
| S9 系列配电变压器（35kV/0.4kV） | 500 | 0.86 | 7.28 | 1.71 | 0.34 | 1.05 |
|  | 1 000 | 1.44 | 12.15 | 1.43 | 0.34 | 0.88 |
| SZ9 系列电力变压器（35kV/10kV） | 5 000 | 5.80 | 36.00 | 0.88 | 0.40 | 0.61 |
|  | 10 000 | 11.60 | 50.58 | 0.65 | 0.48 | 0.51 |
| SZ9 系列电力变压器（66kV/10kV） | 20 000 | 24.00 | 89.10 | 0.60 | 0.52 | 0.49 |
|  | 31 500 | 33.70 | 126.90 | 0.54 | 0.52 | 0.44 |
|  | 40 000 | 40.30 | 148.90 | 0.50 | 0.52 | 0.41 |
| SZ9 系列电力变压器（110kV/10kV） | 31 500 | 33.80 | 133.00 | 0.56 | 0.50 | 0.45 |
|  | 40 000 | 40.40 | 156.00 | 0.52 | 0.51 | 0.42 |
|  | 50 000 | 47.80 | 194.00 | 0.51 | 0.50 | 0.41 |

（2）配电变压器的损耗标准。

【实例 2-5】配电变压器的损耗参数应取自其铭牌参数，当铭牌参数缺失时，可从表常见 10（6）kV 配电变压器的损耗标准（表 2-13）中对照选取。表 2-13 参数来源于《油浸式电力变压器技术参数和要求》（GB/T 6451—2015）和《变压器类产品型号编制方法》（JB/T 3837—2016）。常见 10（6）kV 配电变压器损耗标准参见表 2-13。

表 2-13　　　　常见 10（6）kV 配电变压器的损耗标准

| 额定容量（kVA） | 空载损耗（kW） | | | | 负载损耗（kW） | |
|---|---|---|---|---|---|---|
|  | S9 | S11 | S13 | S15/S16 | S9/S11/S13 | S15/S16 |
| 30 | 0.13 | 0.10 | 0.08 | 0.033 | 0.63/0.60 | 0.565/0.54 |
| 50 | 0.17 | 0.13 | 0.10 | 0.043 | 0.91/0.87 | 0.820/0.785 |
| 63 | 0.20 | 0.15 | 0.11 | 0.05 | 1.09/1.04 | 0.980/0.935 |
| 80 | 0.25 | 0.18 | 0.13 | 0.06 | 1.31/1.25 | 1.18/1.12 |
| 100 | 0.29 | 0.20 | 0.15 | 0.075 | 1.58/1.50 | 1.42/1.35 |
| 125 | 0.34 | 0.24 | 0.17 | 0.085 | 1.89/1.80 | 1.70/1.62 |

续表

| 额定容量（kVA） | 空载损耗（kW） | | | | 负载损耗（kW） | |
|---|---|---|---|---|---|---|
| | S9 | S11 | S13 | S15/S16 | S9/S11/S13 | S15/S16 |
| 160 | 0.40 | 0.28 | 0.20 | 0.10 | 2.31/2.20 | 2.08/1.98 |
| 200 | 0.48 | 0.34 | 0.24 | 0.12 | 2.73/2.60 | 2.45/2.34 |
| 250 | 0.56 | 0.40 | 0.29 | 0.14 | 3.20/3.05 | 2.88/2.74 |
| 315 | 0.67 | 0.48 | 0.34 | 0.17 | 3.83/3.65 | 3.44/3.28 |
| 400 | 0.80 | 0.57 | 0.41 | 0.20 | 4.52/4.30 | 4.07/3.87 |
| 500 | 0.96 | 0.68 | 0.48 | 0.24 | 5.41/5.15 | 4.87/4.63 |
| 630 | 1.20 | 0.81 | 0.57 | 0.32 | 6.20 | 5.58 |
| 800 | 1.40 | 0.98 | 0.70 | 0.38 | 7.50 | 6.75 |
| 1 000 | 1.70 | 1.15 | 0.83 | 0.45 | 10.30 | 9.27 |
| 1 250 | 1.95 | 1.36 | 0.97 | 0.53 | 12.00 | 10.80 |
| 1 600 | 2.40 | 1.64 | 1.17 | 0.63 | 14.50 | 13.00 |
| 2 000 | | 1.94 | 1.55 | 0.75 | 18.3 | 16.40 |
| 2 500 | | 2.29 | 1.83 | 0.90 | 21.2 | 19.00 |

注 ①表中损耗值均为变压器出厂损耗值的标准限值；
②表中斜线之前的负载损耗值适用于 Dyn11 或 Yzn11 联结组，斜线之后的负载损耗值适用于 Yyn0 联结组；
③S15/S16 是专指非晶合金铁心无励磁调压系列变压器，其中 S15 型的 20kV、35kV 等级数据不在本表之列。

（3）110kV 三绕组变压器的损耗率计算。

【实例 2-6】 110kV 袁庄变电站 1 号主变压器，规格型号为 SFSZ9-31500/110，额定容量为 31.5/31.5/ 31.5MVA，额定电压为：110±8×1.25%/38.5±2×2.5%/10.5kV，额定电流为 165.3/472.4/1732A，空载损耗 26.60kW，空载电流百分数为 0.298，负载损耗（75℃）：高—中 147.32kW，高—低 150.05kW，中—低 118.62kW。计算日当天的高、中、低三侧方均根电流分别为 84、160、313A，高、中、低三侧运行电压分别为 117.7、36.8、10.5kV，一次侧功率因数为 0.99，分接挡位为（110＋6×1.25%）kV。试计算 1 号主变压器计算日当天的电能损耗。

**解：** 已知三绕组变压器三侧容量相等，三侧额定电流 $I_{N1}/I_{N2}I_{N3}=$

165.3/472.4/1 732A，空载损耗 $P_0$=26.60kW，变压器的额定负载损耗（75℃）分别为：$P_{k12}$=147.32kW、$P_{k13}$=150.05kW，$P_{k23}$=118.62kW，$U_1$=117.7kV，$\lambda_1$=0.99，计算日变压器高、中、低三侧方均根电流平均值分别为 $I_{rms1}/I_{rms2}I_{rms3}$=84/160/313A。

（1）根据三绕组变压器额定负载损耗算式，变压器三个绕组的额定负载损耗分别为

$$
\begin{aligned}
P_{k1} &= 0.5 \times (P_{k12} + P_{k13} - P_{k23}) = 0.5 \times (147.32 + 150.05 - 118.62) \\
&= 89.375 \ (\text{kW})
\end{aligned}
$$

$$
\begin{aligned}
P_{k2} &= P_{k12} - P_{k1} = 147.32 - 89.375 \\
&= 57.945 \ (\text{kW})
\end{aligned}
$$

$$
\begin{aligned}
P_{k3} &= P_{k13} - P_{k1} = 150.05 - 89.375 \\
&= 60.675 \ (\text{kW})
\end{aligned}
$$

（2）根据三绕组变压器负载损耗算式（2-34），该变压器日负载损耗电量为

$$
\begin{aligned}
\Delta A_{R} &= \left[ P_{k1}\left(\frac{I_{rms1}}{I_{N1}}\right)^2 + P_{k2}\left(\frac{I_{rms2}}{I_{N2}}\right)^2 + P_{k3}\left(\frac{I_{rms3}}{I_{N3}}\right)^2 \right] t \\
&= [89.375 \times (84/165.3)^2 + 57.945 \times (160/472.4)^2 \\
&\quad + 60.675 \times (313/1732)^2] \times 24 \\
&= 761 \ (\text{kWh})
\end{aligned}
$$

（3）根据变压器空载损耗算式，变压器的日空载损耗电量为

$$
\Delta A_0 = P_0\left(\frac{U_{av}}{U_{tap}}\right)^2 t = 26.6 \times \left(\frac{117.7}{117.5}\right)^2 \times 24 = 641 \ (\text{kWh})
$$

（4）变压器的日供电量为

$$
A = \sqrt{3} I_{rms} U \lambda T = 1.732 \times 84 \times 117.7 \times 0.99 \times 24 = 406\ 865 \ (\text{kWh})
$$

（5）变压器计算日的损耗率为

$$
\Delta A\% = \frac{\Delta A_0 + \Delta A_R}{A} \times 100\% = \frac{641 + 761}{406\ 865} \times 100\% = 0.34\%
$$

## 2.7.5 调容配电变压器节能运行方式计算与分析

配电变压器是国民经济各行各业和社会团体中广泛使用的电气设备，是中低压电网中重要的耗电元件，使用量大、运行时间长。调容配电变压器是一种在同一变压器中具有两种不同额定容量（通常小容量大约为大容量的 1/3）、可根据负载变化改变高压绕组及低压绕组的联接方式，并能在不同额定容量条件下可靠运行的配电变压器。调容配电变压器主要用于负荷随着季节或用电时段变化非常大的场所，目前推广应用有载调容配电变压器。长期以来，人们普遍认为运行负荷只要小于调容配电变压器的小额定容量就投运小容量配电变压器，然而，在当今节能型油浸式配电变压器技术条件下，这样的选择往往会造成配电变压器高损耗、低能效运行。下面依据变压器损耗规律及其经济运行理论，计算调容配电变压器的节能运行方式，通过实例论述调容配电变压器如何实现高效节能运行。

**1. 变压器的损耗规律**

根据《电力变压器经济运行》（GB/T 13462—2008）及相关理论，双绕组变压器动态有功功率损耗率 $\Delta P\%$ 的算式为

$$\Delta P\% = \frac{\Delta P}{P_1} \times 100\% = \frac{P_0 + K_T \beta^2 P_k}{P_1} \times 100\%$$
$$= \left( \frac{P_0}{P_1} + \frac{K_T P_k P_1}{S_r^2 \lambda^2} \right) \times 100\% \qquad (2\text{-}43)$$

式中　　$\Delta P\%$——变压器的有功损耗率，%；

　　　　$\Delta P$——变压器运行时的有功功率损耗，kW；

　　　　$P_1$——变压器一次侧平均有功功率，kW；

　　$P_0$、$P_k$——分别为变压器的空载损耗、额定负载损耗，kW；

　　　　$K_T$——负载波动损耗系数；

　　　　$\beta$——变压器的平均负载系数，它等于变压器平均视在功率与变压器的额定容量之比，即 $\beta = S/S_r = P_1/(\lambda S_r)$；

$S$、$S_r$——变压器的平均视在功率、额定容量，kVA；

$\lambda$——变压器一次侧平均功率因数。

从式（2-43）可以看出，变压器的有功损耗率除了与其静态能效参数 $P_0$、$P_k$、$S_r$ 有关外，还与变压器运行时的 $K_T$、$P_1$、$\lambda$ 有关，它由空载损耗率和负载损耗率两部分组成。其中，变压器的 $K_T$、$\lambda$ 相对恒定，变压器的空载功率损耗率与一次侧输入功率 $P_1$ 成反比，变压器的负载功率损耗率与一次侧输入功率 $P_1$ 成正比，这就是变压器运行时的损耗率规律。

**2. 调容配电变压器的节能运行方式计算**

调容配电变压器是根据负载变化改变高压绕组及低压绕组的联接方式形成两种不同的额定容量。根据变压器经济运行理论，不同性能参数的 A、B 变压器运行时均存在一个临界功率，当运行负荷小于该临界功率时，A（或 B）变压器运行时损耗率低；反之，B（或 A）变压器运行时损耗率低。同样，调容配电变压器的大容量与小容量间也存在临界功率问题，下面将大容量用序号 1、小容量用序号 2 表示，小容量与大容量经济运行时的临界视在功率 $S_L$ 算式为

$$S_L = \sqrt{\dfrac{P_{01} - P_{02}}{K_T\left(\dfrac{P_{k2}}{S_{r2}^2} - \dfrac{P_{k1}}{S_{r1}^2}\right)}} \quad （\text{kVA}） \qquad （2\text{-}44）$$

式中　$S_L$——变压器运行时的临界视在负载，kVA；

$P_{01}$、$P_{02}$——大容量、小容量运行时的空载损耗，kW；

$K_T$——负载波动损耗系数；

$P_{k1}$、$P_{k2}$——大容量、小容量时的额定负载损耗，kW；

$S_{r1}$、$S_{r2}$——大容量、小容量时的额定容量，kVA。

调容配电变压器运行时的高效节能运行方式：

（1）当运行负荷小于临界负载 $S_L$ 时，小容量 $S_{r2}$ 运行经济高效；

（2）当运行负荷大于临界负载 $S_L$ 时，大容量 $S_{r1}$ 运行经济高效。

### 3．调容配电变压器运行实例分析

【**实例 2-7**】 某金融大厦运行了的一台 S11-M.ZT-500（160）/10 型三相油浸式有载调容配电变压器，其空载损耗为 0.68（0.28）kW，额定负载损耗为 5.41（2.20）kW。该配电变压器运行负荷特性具有规律性，其典型日负荷曲线如图 2-2 所示。其中，0:00～7:00 的平均有功功率为 112.8kW；7:00～16:30 的平均有功功率为 380.1kW；16:30～24:00 的平均有功功率为 136.1kW。配电变压器运行功率因数平均为 0.90，负载波动损耗系数取 1.35。

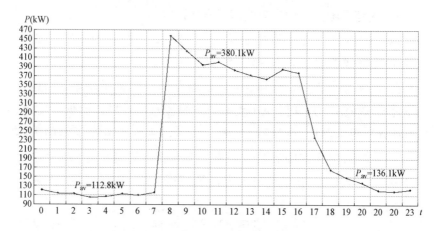

图 2-2　某金融大厦典型日负荷曲线图

图 2-2 中，横坐标表示日运行时间点，纵坐标表示配电变压器运行时的有功功率。

（1）S11-M.ZT-500（160）/10 型有载调容配电变压器运行时的有功损耗率特性。根据式（2-43），结合实例给出的条件可以得出如下 S11-M.ZT-500（160）/10 型三相油浸式有载调容配电变压器运行时的有功损耗率曲线图如图 2-3 所示。

图 2-3 中，横坐标表示配电变压器运行时的有功功率，纵坐标表示配电变压器运行时的有功损耗率。

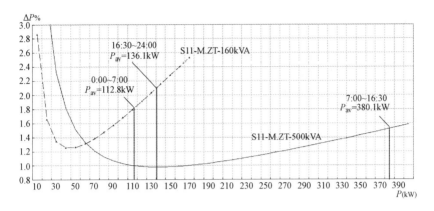

图 2-3　某金融大厦 S11-M.ZT-500（160）/10 型

配电变压器运行时的有功损耗率曲线图

（2）S11-M.ZT-500（160）/10 型有载调容配电变压器运行分析。

1）运行模式一：负荷功率小于 160kVA 时投运小容量 160kVA 的运行模式。由图 2-2 和图 2-3 可见，0:00～7:00 的平均有功功率为 112.8kW，16:30～24:00 的平均有功功率为 136.1kW，这两个时段投运 160kVA 小容量；7:00～16:30 的平均有功功率为 380.1kW，这个时段投运大容量。该运行状态下，0:00～7:00 小容量配电变压器模式运行的负载率为 78.33%，平均损耗率约为 1.81%；16:30～24:00 小容量配电变压器模式运行的负载率为 94.51%，平均损耗率约为 2.1%。可见该模式下，投运小容量配电变压器使得配电变压器运行状态处于重载高损的低效模式。

2）运行模式二：实例负荷水平下，投运大容量 500kVA 的运行模式。由图 2-3 可见，投运大容量 500kVA 运行，0:00～7:00 大容量配电变压器模式运行的负载率为 25.10%，平均损耗率约为 1.00%，损耗率比小容量模式降低 0.81 个百分点；16:30～24:00 小容量配电变压器模式运行的负载率为 30.24%，平均损耗率约为 0.98%，损耗率比小容量模式降低 1.12 个百分点。

3）模式二运行比模式一运行节能效果分析。平均有功功率为

112.8kW 的日运行时间为 7h，日节电量为 6.395 8kWh；平均有功功率为 136.1kW 的日运行时间为 7.5h，日节电量为 11.432 4kWh。根据上述日节约电量推算，模式二运行全年可节约用电量 6 507kWh。

4）大容量与小容量投切模式的临界功率确定。根据调容配电变压器的节能运行方式算式（2-44），结合 S11-M.ZT-500（160）/10 型三相油浸式有载调容配电变压器技术参数与运行状态，可以得出的小容量与大容量经济运行时的临界功率 $P_L$ 为

$$P_L = \lambda \sqrt{\cfrac{P_{01} - P_{02}}{K_T \left( \cfrac{P_{k2}}{S_{r2}^2} - \cfrac{P_{k1}}{S_{r1}^2} \right)}} = 0.90 \times \sqrt{\cfrac{0.68 - 0.28}{1.35 \times \left( \cfrac{2.2}{160^2} - \cfrac{5.41}{500^2} \right)}} = 61.1 (\text{kW})$$

通过上述分析和计算，S11-M.ZT-500（160）/10 型三相油浸式有载调容配电变压器运行时的高效节能运行方式为：①当运行负荷小于临界负载 61.1kW 时，投运小容量 160kVA 运行损耗低，节能性好；②当运行负荷大于临界负载 61.1kW 时，投运大容量 500kVA 运行损耗低，节能性和经济性好。

【点评】 当前，电网中有载调容配电变压器大量存在，如果盲目地认为运行负荷只要小于小额定容量就投运该小额定容量，那么将会给用电单位造成较高的电能损耗，直接影响配电变压器运行效率和其经济效益；只有依据有载调容配电变压器大容量与小容量的临界功率科学进行负荷投切，才能保证有载调容配电变压器节能、高效和经济运行。科学投切大、小容量，其损耗率至少可降低在 1%以上，降损节能潜力巨大。

## 2.7.6　配电变压器经济额定容量确定

配电变压器是国民经济各行各业和社会团体中广泛使用的电气设备，是电力装备中重要的耗电元件，使用量大、运行时间长。配电变压器的运行能效是指电能在变压转换过程中减少提供同等电能服务的电能投入。如果用算式表示，变压器的运行效率等于其输出功率与输

入功率的百分比，它与其损耗率指标是反向的，即变压器的效率越高、损耗率越低。变压器的损耗率与其负载系数有关，负载系数是实际运行容量与额定容量的比值，不同容量的变压器其经济负载系数不同。对于一个固定负载，可以选择多种不同容量变压器来供电。比如，对于 60kVA（视在功率）的恒定负载，人们一般会选用额定容量为 80kVA 或 100kVA 的变压器来供电，因为该恒定负载处于这些变压器的经济运行区。然而，在当今节能型油浸式配电变压器的损耗率特性条件下，这样的选择往往会造成变压器高损耗、低能效运行。事实上，同样是 60kVA 运行负载，可选择 100、125、160、200、315kVA 等多种较大额定容量配电变压器来供电，从而形成不同的负载系数，其运行能效相差很大，但有一个最经济的额定容量，称其为经济额定容量，只有实现了变压器运行负载与额定容量的最佳搭配，才能实现变压器高效运行与经济运行。

（1）变压器的经济额定容量。

1）变压器经济额定容量。根据《电力变压器经济运行》（GB/T 13462—2008）及相关理论，双绕组变压器动态综合功率损耗率 $\Delta P_z\%$ 的计算公式为

$$\Delta P_z\% = \frac{\Delta P_z}{P_1} \times 100\% = \frac{\Delta P + K_Q \Delta Q}{P_1} \times 100\% \quad (2\text{-}45)$$

式中
$$\Delta P = P_0 + K_T \beta^2 P_k \quad (2\text{-}46)$$

$$\Delta Q = Q_0 + K_T \beta^2 Q_k = (I_0\% + K_T \beta^2 U_k\%) S_N \times 10^{-2} \quad (2\text{-}47)$$

$$P_1 = S\cos\varphi = \beta S_N \cos\varphi \quad (2\text{-}48)$$

将上述式（2-46）～式（2-48）带入式（2-45）可得下式

$$\Delta P_z\% = \frac{P_0 + K_T \beta^2 P_k + K_Q(I_0\% + K_T \beta^2 U_k\%) S_N \times 10^{-2}}{\beta S_N \cos\varphi} \times 100\% \quad (2\text{-}49)$$

式中　$\Delta P_z$、$\Delta P$、$\Delta Q$——变压器的综合功率损耗、有功功率损耗、无功功率损耗，kW、kW、kvar；

$P_1$——变压器电源侧有功功率，kW；

$K_Q$ ——无功经济当量，单位为 kW/kvar，当功率因
数补偿到 0.9 及以上时，$K_Q$ 取 0.04kW/kvar；

$P_0$、$P_k$ ——变压器空载功率损耗、变压器额定负载功率
损耗，kW；

$K_T$ ——负载波动损耗系数；

$\beta$ ——$t$ 时间段内变压器的平均负载系数，它等于
变压器平均输出视在功率与变压器的额定
容量之比，即 $\beta=S/S_N$；

$Q_0$、$Q_k$ ——变压器空载励磁功率、变压器额定负载漏磁
功率，kvar；

$I_0\%$、$U_k\%$ ——变压器的空载电流百分数、短路阻抗百分
数；

$S$、$S_N$ ——变压器的平均视在功率、额定容量，kVA；

$\cos\varphi$ ——变压器一次侧的平均功率因数。

从式（2-49）可以看出，变压器的综合损耗率除了与其能效技术
参数 $P_0$、$P_k$、$I_0\%$、$U_k\%$有关外，还与变压器的 $K_T$、$\beta$、$S_N$、$\cos\varphi$ 有关。
其中，变压器的空载功率损耗与额定负载功率损耗随着变压器额定容
量系列的增大而变大。当变压器的负载区间一定时，所选变压器的额
定容量越大，其负载系数越小。由于变压器的空载损耗率是随着负载
系数的增大而变小，而负载损耗率是随着负载系数的增大而变大，因
此，变压器的综合损耗率与不同容量变压器的负载系数有一个最佳搭
配，即在此搭配条件下，变压器的损耗率会出现一个最低值或最低损
耗率区间，与该负载系数对应的变压器额定容量称其为经济额定容量。

2）变压器经济额定容量。

【实例 2-8】 以 S13 型（相当于 2 级能效，节能型）80～200kVA
配电变压器为例，说明一定负载时变压器的经济额定容量的确定。按照
《三相配电变压器能效限定值及能效等级》（GB 20052—2013）规定，
80～200kVA 配电变压器能效技术参数见表 2-14。

表 2-14　　　　　　　　　配电变压器能效技术参数表

| 额定容量（kVA） | $P_0$（kW） | $P_k$（kW） | $I_0\%$ | $U_k\%$ |
|---|---|---|---|---|
| 80 | 0.13 | 1.31 | 0.25 | 4.0 |
| 100 | 0.15 | 1.58 | 0.25 | 4.0 |
| 125 | 0.17 | 1.89 | 0.23 | 4.0 |
| 160 | 0.2 | 2.31 | 0.23 | 4.0 |
| 200 | 0.24 | 2.73 | 0.23 | 4.0 |

　　将表中参数带入式（2-49），并将负载波动损耗系数 $K_T$ 取 1.102 5，功率因数取 0.95，可以得到如下的 S13 型 80～200kVA 配电变压器能效特性图（见图 2-4）。

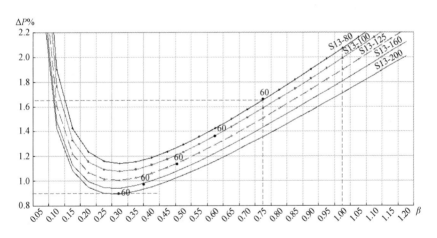

图 2-4　S13 型 80～200kVA 配电变压器能效特性图

　　图 2-4 中，横坐标表示负载系数，纵坐标表示变压器的综合损耗率。从上到下曲线分别表示 S13 型额定容量为 80、100、125、160、200kVA 配电变压器的损耗率特性，由图 2-4 中可见，不同额定容量配电变压器的经济负载系数均在 0.31 左右。

　　对于 80kVA 配电变压器，其经济运行边界负载为 60kVA，对应的损耗率为 1.66%；若 60kVA 负载由 100kVA 配电变压器供电，则其负载系数为 0.6，对应的损耗率为 1.37%；若该负载由 125kVA 配电变压器供电，则其负载系数为 0.48，对应的损耗率为 1.14%；若该负载由 160kVA 配电变压器供电，则其负载系数为 0.375，对应的损耗率为 0.98%；若该负载由 200kVA 配电变压器供电，则其负载系数为 0.3，对应的损耗率为 0.9%。若继续选用额定容量 250kVA 及以上大容量配电变压器供电，则负载系数将更低，而变压器将进入空载损耗占主导的高损耗区间运行。可见，60kVA 负载的经济额定容量为 200kVA，与 80kVA 配电变压器供电相比，损耗率降低了 0.76 个百分点。

节能增效分析：60kVA 负载一年运行时间按照 8 600h、功率因数取 0.95、电价取 0.6 元/kWh 计算，年节电量约 3 726kWh，年减少电费成本支出 2 235 元。当前，S13 型 200kVA 配电变压器（参考价 28 100 元）与 80kVA 配电变压器（参考价 16 700 元）的市场销售差价约为 11 400 元，大约 5.1 年后即可收回选择经济额定容量变压器所造成的初期投资较大费用。可见，选择经济额定容量配电变压器既高效又经济。

（2）提高配电变压器运行能效的措施。根据配电变压器经济额定容量概念及算式（2-49），可以总结分析出如下提高配电变压器运行能效的措施。

1）新增配电变压器时，优先选用节能型（S13 型及以上），容量选择时根据测算的实际运行平均负载按照经济负载系数 0.3 推算选择接近于变压器额定容量系列所提供的变压器额定容量。如平均为 50kVA 负载按照经济负载系数 0.3 推算的容量约为 167kVA，而变压器额定容量系列与之最接近的额定容量为 200kVA。

2）高能耗配电变压器改造时，一方面要选用节能型配电变压器替代，同时在变压器额定容量选择时要选用经济额定容量，即通过经济负载系数 0.3 推算选择的变压器额定容量。对于油浸式配电变压器，当实际运行负载区间为 15～45kVA 时，选择额定容量 100kVA、S13 型及以上节能型配电变压器，取代 30、50、63、80kVA 容量系列变压器；当实际运行负载区间为 30～90kVA 时，选择额定容量 200kVA、

S13 型及以上节能型配电变压器，取代 125、160kVA 容量系列变压器；以此类推。

3）合理调控配电变压器负载，保持配电变压器负载系数在经济负载系数±0.15 范围，一方面通过合理的负载分配使不同区域的配电变压器负载处于最优经济运行区；另一方面通过不同容量配电变压器的调整，使运行负载满足经济额定容量的条件。

4）实施配电变压器动态无功精细化自动补偿，提高配电变压器功率因数。变压器的损耗率与功率因数成反比，功率因数越高，配电变压器损耗率越低，能效越高。变压器无功平衡不仅可以提高变压器功率因数，降低变压器运行损耗率，同时还可以减少无功在电网中的流动，降低电网线损率。因此，要加强配电变压器无功管理，应用配电变压器静态无功发生器（SVG）等先进的动态无功补偿装置实施无功精细化自动补偿，保持配电变压器功率因数在 0.95 以上。

5）保持合格的变压器运行电压是确保变压器高效运行的前提。当系统电压偏低时，依靠调节变压器分解开关调压虽然输出电压得到改善，但增加了变压器的自身损耗。

【点评】　从本案的论述中可见，同样是节能型配电变压器，采用经济额定容量措施就可以降低 0.76 个百分点的电能损耗。而当今运行的配电变压器当中，S9 型高能耗配电变压器约占 70%左右，S11 型普通型配电变压器约占 20%，若采用经济额定容量法来更新改造高能耗配电变压器，其损耗率降低至少在 1%以上，降损节能潜力巨大。

### 2.7.7　电容器的电能损耗计算实例

（1）并联电容器日损耗电量计算。

【实例 2-9】　35、110、220kV 变电站电容器组的损耗电量计算。

根据并联电容器电能损耗算式（2-37），结合当前变电站并联电容器规格型号，按照变电站单组电容器全部投入运行的满容量状态，计算其日损耗极限电量见表 2-15。

表 2-15　　变电站常见并联电容器日损耗极限电量一览表

| 变电站等级（kV） | 并联电容器型号 | 投运的电容器单组容量（kvar） | 介质损耗角正切值（$\tan\delta$） | 日损耗电量（kWh/组） | 型号字母含义 |
|---|---|---|---|---|---|
| 220 | BFMH12/$\sqrt{3}$ -7200/1×3W | 7 200 | 0.000 8 | 138 | B—并联，F—二芳基乙烷浸渍介质，M—全膜介质，H—充 $SF_6$ 气体的集合式电容器 |
| 220 | BAMH11/$\sqrt{3}$ -7500-1×3W | 7 500 | 0.000 8 | 144 | A—苄基甲苯浸渍介质，$H_3$—集合式电容器，其他同上 |
| 220 | BAM12/$\sqrt{3}$ -450-1W | 8 100 | 0.000 8 | 156 | 同上 |
| 110 | BFMX11/$\sqrt{3}$ -3600-3H | 3 600 | 0.000 8 | 69 | X—特征号，其他同上 |
| 110 | BWF11/$\sqrt{3}$ -200-1W | 4 200 | 0.001 2 | 121 | W—烷基苯浸渍介质，F—膜纸复合，其他同上 |
| 110 | BFF3-11/$\sqrt{3}$ -100-1W | 3 600 | 0.001 2 | 104 | F—二芳基乙烷浸渍介质，F—膜纸复合，其他同上 |
| 110 | TBB10-3000/100 | 3 000 | 0.000 8 | 58 | T—装置，BB—并联电容器装置，其他同上 |
| 110 | BFM11/$\sqrt{3}$ -100-1W | 2 100 | 0.000 8 | 40 | 同上 |
| 35 | BWF10.5-100-1W | 600 | 0.001 2 | 17 | 同上 |

（2）串联电容器电能损耗计算。串联电容器具有与输电线路感抗相反的性质，在输电线路上串联接入电容器，可以有效减小线路的等效电抗，进而能够提升电力系统的稳定性，增加线路的极限输出容量。

【实例 2-10】　目前比较典型的串联电容器补偿应用于特高压交流长治—南阳—荆门示范工程。该工程设计额定电压等级为 1 050kV，额定输送容量为 500 万 kVA，其中，长治—南阳段在长治和南阳侧分别安装了容抗为 19.37Ω 的串联补偿电容，南阳—荆门段在南阳侧安装的容抗为 29.53Ω 的串联补偿电容，电容器介质损耗角的正切值取值 0.000 5。

长治—南阳段单个串联补偿电容在额定工况下运行 24h 的电能损

耗为

$$\Delta A_{长南} = 3 \times I_{\mathrm{rms}}^2 X_{\mathrm{C}} \tan \delta t$$
$$= 3 \times \left( \frac{5\ 000\ 000}{\sqrt{3} \times 1050} \right)^2 \times 19.37 \times 0.000\ 5 \times 24$$
$$= 5271.1 (\mathrm{kWh})$$

南阳—荆门段串联补偿装置在额定工况下运行 24h 的电能损耗为

$$\Delta A_{南荆} = 3 \times I_{\mathrm{rms}}^2 X_{\mathrm{C}} \tan \delta t$$
$$= 3 \times \left( \frac{5\ 000\ 000}{\sqrt{3} \times 1\ 050} \right)^2 \times 29.53 \times 0.000\ 5 \times 24$$
$$= 8\ 035.8 (\mathrm{kWh})$$

整个长治—南阳—荆门特高压工程投运后，串联补偿电容电网在额定工况下运行 24h 的总电能损耗为：5 271.1×2+8 035.8=18 578kWh。与其传输的电能相比，串联补偿电容装置带来的线损率为 0.015%。

## 2.7.8　电抗器的电能损耗计算实例

（1）变电站高压并联电容器用串联电抗器的单位损耗计算。根据《高压并联电容器用串联电抗器订货技术条件》（DL 462—1992），三相电抗器的额定容量 $S_{\mathrm{N}}$ 与额定电抗率 $K$、配套电容器组的三相额定容量 $Q_{\mathrm{CN}}$ 的关系为：$S_{\mathrm{N}}=K \cdot Q_{\mathrm{CN}}$。20℃时，串联电抗器绕组与铁芯和外壳之间绝缘的介质损耗角正切值应满足：①系统电压为 35kV 及以下时：不大于 3.5%；②系统电压为 63kV 时：不大于 2.5%。

在工频额定电流下，75℃时电抗器的单位损耗值应符合表 2-16 中的规定值，其偏差不大于+15%。

（2）变电站高压并联电容器用串联电抗器的日损耗极限电量。

【实例 2-11】根据串联电抗器电能损耗算式（2-40），结合当前变电站串联电抗器规格型号，按照变电站单台电抗器投入运行的满容量状态，计算 35、110、220kV 变电站高压并联电容器用串联电抗器日极限损耗电量见表 2-17。

表 2-16　　　串联电抗器单位无功补偿有功功率损耗值　　（kW/kvar）

| 电抗器额定容量（kvar） | 油浸铁心电抗器 | 干式空心电抗器 |
|---|---|---|
| 100 及以下 | 0.015 | 0.030 |
| 101～300 | 0.012 | 0.024 |
| 301～500 | 0.010 | 0.020 |
| 501～1 000 | 0.008 | 0.016 |
| 1 000 以上 | 0.006 | 0.012 |

表 2-17　　　变电站常见高压并联电容器用串联电抗器日极限损耗电量

| 变电站等级（kV） | 串联电抗器型号 | 投运的电抗器单台容量（kvar） | 单位无功功率损耗值（kW/kvar） | 日损耗电量（kWh/组） | 型号字母含义 |
|---|---|---|---|---|---|
| 220 | CKGKL-225/10-6 | 225 | 0.024 | 389 | CK—串联电抗器，GK—"功"率因数补偿电"抗"器，L—线圈材质"铝"线 |
| 220 | CKDK-162/10-6 | 162 | 0.024 | 280 | D—单相，K—空心，其他符号含义同上 |
| 220 | CKDK-150/10-6 | 150 | 0.024 | 259 | 符号含义同上 |
| 220 | CKSCKL-450/10-6 | 150 | 0.024 | 259 | S—三相，C—成型固体，K—空心，L—铝线 |
| 220 | CKDK-144/10-6 | 144 | 0.024 | 249 | 符号含义同上 |
| 110 | CKSG-216/6-6 | 72 | 0.03 | 156 | G—空气（干） |
| 110 | CKDK-84/10-6 | 84 | 0.03 | 181 | 符号含义同上 |
| 110 | CKDK-60/10-6 | 60 | 0.03 | 130 | 符号含义同上 |
| 110 | CKWK-36/11√3-6 | 36 | 0.03 | 78 | W—户外，其他同上 |
| 110 | CKSC-24/10-1 | 24 | 0.03 | 52 | 符号含义同上 |
| 110 | CKGKL-10/10-1W | 10 | 0.03 | 22 | 符号含义同上 |
| 35 | CKGKL-6/10-1 | 6 | 0.03 | 13 | 符号含义同上 |

# 第 3 章

# 直流元件的电能损耗计算与实例

直流输电系统（见图 3-1）的损耗主要包括两端换流站的损耗、直流输电线路的损耗和接地极系统的损耗。两端换流站（整流站和逆变站）内的设备繁多，损耗机理又各不相同，如何较准确地确定换流站的损耗是直流输电系统损耗计算的难点。目前通常采用测试和公式计算换流站内各主要设备的损耗，然后将这些损耗相加得到整个换流站的总损耗。换流站的损耗一般占换流站额定容量的 0.5%～1%。直流输电线路的损耗与导线的总电阻成正比，与流过导线的电流平方或者输送的直流功率成正比，与导线的截面积成反比，一般对于远距离常规直流输电系统，直流输电线路的损耗约占额定输送容量的 5%～7%。

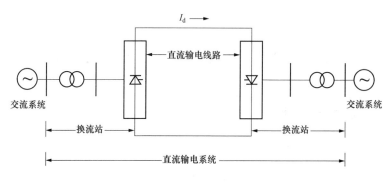

图 3-1 直流输电系统示意图

## 3.1 直流输电线路的损耗计算

直流输电线路的电能损耗计算为

$$\Delta A_L = I^2 Rt \times 10^{-3} \tag{3-1}$$

式中 $\Delta A_L$——直流输电线路的电能损耗，kWh；

$I$——流过直流输电线路的电流，A；

$R$——直流输电线路的电阻，$\Omega$；

$t$——线路运行时间，h。

直流输电线路在实际应用中宜考虑温升影响和电晕损耗，假如计及温升影响后的直流电阻为 $R'$，则考虑温升后的直流输电线路损耗 $\Delta A'_L$ 为

$$\Delta A'_L = I^2 R' t \times 10^{-3} \tag{3-2}$$

式中　$\Delta A'_L$——计及温升影响后的线路理论线损电量，kWh；

$R'$——考虑温升后直流输电线路的电阻，$\Omega$；

其他符号同式（3-1）。

直流输电线路电晕损耗 $\Delta A''_L$ 近似计算公式为

$$\Delta A''_L = 0.02 \times \Delta A'_L \tag{3-3}$$

式中　$\Delta A''_L$——直流输电线路的电晕损耗，kWh；

其他符号同算式（3-2）。

## 3.2　接地极系统与金属回线的损耗计算

### 3.2.1　接地极系统损耗

接地极系统电能损耗 $\Delta A$ 计算公式为

$$\Delta A = I_g^2 (R_D + R_d) t \times 10^{-3} \tag{3-4}$$

式中　$\Delta A$——接地极系统的电能损耗，kWh；

$I_g$——流过接地极系统的电流，A；

$R_D$——接地电阻，取实测值（典型值一般在 $0.05 \sim 0.5\Omega$ 之间），$\Omega$；

$R_d$——接地极线路的电阻（应考虑导线环境温度的影响），$\Omega$；

$t$——接地极线路运行时间，h。

当直流输电系统工作在双极运行方式时，$I_g$ 等于两极的不平衡电流，小于直流输电线路额定电流的 1%；当直流输电系统工作在单极大地回线方式时，$I_g$ 等于直流输电线路的电流。

### 3.2.2　金属回线损耗

当直流输电系统运行在单极金属回线方式时，金属回线损耗计算公式为

$$\Delta A_{\mathrm{J}} = I^2 R_{\mathrm{J}} t \times 10^{-3} \qquad (3\text{-}5)$$

式中　$\Delta A_{\mathrm{J}}$ ——金属回线的电能损耗，kWh；

　　　$I$ ——直流输电线路的电流，A；

　　　$R_{\mathrm{J}}$ ——金属回线电阻（应考虑导线环境温度的影响），Ω；

　　　$t$ ——金属回线运行时间，h。

# 3.3　换流站的损耗计算

换流站主要由换流变压器、换流阀（晶闸管阀）、交流滤波器、平波电抗器、直流滤波器、并联电容器、并联电抗器以及其他附属设备组成。换流站损耗主要来源于换流变压器和换流阀的损耗。

下面主要介绍根据经验值估算和根据国标或行标详细计算两种换流站损耗的计算方法。

### 3.3.1　根据经验值估算

根据厂家提供的资料统计，换流站的功率损耗约为换流站额定功率的 0.5%~1%，或根据运行经验调整这个功率损耗值。换流站的电能损耗等于功率损耗估算值与运行时间之乘积。

### 3.3.2　根据国标或行标计算

换流站主要由换流变压器、换流阀（晶闸管阀）、交流滤波器、平波电抗器、直流滤波器、并联电容器、并联电抗器以及其他附属设备组成。换流站损耗主要来源于换流变压器和换流阀的损耗，换流站的典型损耗值占比见表 3-1。

**表 3-1** 换流站设备的典型损耗值占比

| 设　　备 | 正常运行条件下的典型损耗占比（%） |
| --- | --- |
| 晶闸管阀 | 20～40 |
| 换流变压器 | 40～55 |
| 交流滤波器 | 4～10 |
| 并联电容器（如使用） | 0.5～3 |
| 并联电抗器（如使用） | 2～5 |
| 平波电抗器 | 4～13 |
| 直流滤波器 | 0.1～1 |
| 辅助设备 | 3～10 |
| 总计 | 100 |

（1）换流阀的损耗。图 3-2 给出典型晶闸管阀的简化等效图。换流阀的损耗主要由阀导通损耗、阀阻尼损耗和阀电抗器损耗组成。其中，阀导通损耗和阀阻尼损耗约占换流阀损耗的 85%～95%。下面给出换流阀的单阀导通损耗和单阀阻尼损耗的计算公式，单阀晶闸管扩散损耗、单阀其他通态损耗和单阀与直流电压相关的损耗计算公式见《高压直流换流站损耗的确定》（GB/T 20989—2017/IEC 61803:1999）。

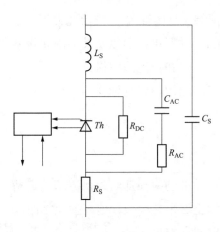

图 3-2　典型晶闸管阀的简化等效图

1）单阀导通损耗。如果直流侧谐波电流的方均根之和很小，没有超过直流电流的 5%，不考虑谐波电流引起的损耗，则单阀导通损耗功率的计算公式为式（3-6），阀的导通期为（2π/3+$\mu$）rad。

$$P_{\mathrm{TI}} = \frac{N_i I_{\mathrm{d}}}{3}\left[ U_0 + R_0 I_{\mathrm{d}}\left( \frac{2\pi - \mu}{2\pi} \right) \right] \tag{3-6}$$

式中　$P_{TI}$——单阀导通损耗功率，W；

$N_i$——每个阀晶闸管的数目，个；

$I_d$——通过换流桥直流电流有效值，A；

$U_0$——晶闸管的平均通态电压降，V；

$R_0$——晶闸管通态电阻的平均值，$\Omega$；

$\mu$——换流器的换相角，rad。

2）单阀阻尼支路的阻尼电阻损耗计算。阀在关断期间，加在阀两端的交流电压经阻尼电容耦合到阻尼电阻上所产生的损耗。计算公式为

$$P_{T2}=2\pi f^2 U_{v0}^2 C_{AC}^2 R_{AC}\begin{cases}\dfrac{4\pi}{3}-\dfrac{\sqrt{3}}{2}+\dfrac{3\sqrt{3}m^2}{8}+\left(6m^2-12m-7\right)\dfrac{\mu}{4}\\[2mm]+\left(\dfrac{7}{8}+\dfrac{9m}{4}-\dfrac{39m^2}{32}\right)\sin 2\alpha\\[2mm]+\left(\dfrac{7}{8}+\dfrac{3m}{4}-\dfrac{3m^2}{32}\right)\sin\left(2\alpha+2\mu\right)\\[2mm]-\left(\dfrac{\sqrt{3}m}{16}+\dfrac{3\sqrt{3}m^2}{8}\right)\cos 2\alpha-\dfrac{\sqrt{3}m}{16}\cos\left(2\alpha+2\mu\right)\end{cases}$$

（3-7）

式中　$U_{v0}$——变压器阀侧空载线电压有效值，kV；

$C_{AC}$——阀两端阻尼电容有效值（取值为一个阀的阻尼电容的设计值除以该阀的晶闸管数），F；

$R_{AC}$——与 $C_{AC}$ 电容串联的有效阻尼电阻值（取值为一个阀的阻尼电阻的设计值乘以该阀的晶闸管数），$\Omega$；

$m$——电磁耦合系数；

$\alpha$——换流阀的触发角，rad；

$\mu$——换流阀的换相角，rad。

3）单阀阻尼损耗（与电容器相关）或者阻尼支路的电容器充放电损耗计算。单阀阻尼损耗功率（电容器充放电损耗）的计算公式为

$$P_{T3} = \frac{U_{v0}^2 f C_{HF}(7+6m^2)}{4}[\sin^2\alpha + \sin^2(\alpha+\mu)] \tag{3-8}$$

式中　　$C_{HF}$——阀阻尼电容有效值加上阀两端间的全部有效杂散电
　　　　　　　容，F；

　　　　$m$——电磁耦合系数，$m=L_1/(L_1+L_2)$，其中，$L_1$ 为换相电源
　　　　　　　与换流变压器阀侧星绕组和角绕组公共耦合点之间的
　　　　　　　电感（H），换流变压器网侧绕组端部与交流谐波滤波
　　　　　　　器连接点之间的所有外部电感都应包括在 $L_1$ 中；$L_2$ 为
　　　　　　　阀与换流变压器阀侧星绕组和角绕组公共耦合点之间
　　　　　　　的电感（H），阀电抗器的饱和电感应包括在 $L_2$ 中；当
　　　　　　　星型接线的桥及三角形接线的桥分别由两组单独的换
　　　　　　　流变压器供电时，$L_1=0$，$m=0$。

其他符号同式（3-7）。

（2）换流变压器的损耗。换流变压器的损耗与普通电力变压器的
损耗一样，包括空载损耗和负载损耗。在直流输电系统中，由于滤波
器常常连接在交流系统侧，换流器所产生的谐波电流全部通过换流变
压器，导致其负载损耗相比普通电力变压器有所增加。换流变压器的
负载损耗共有 3 种计算方法，详见表 3-2，各次谐波频率与对应谐波
电阻的典型关系见各次谐波与电阻系数见表 3-3。

表 3-2　　　　　　　　换流变压器负载损耗的计算方法

| 方法 | 计　算　方　法 |
|---|---|
| 方法 1 | 分别测量换流变压器在各次谐波频率下的有效电阻，计算通过换流变压器的各次谐波电流计算各次谐波电流的损耗，最后得到换流变压器的负载损耗 |
| 方法 2 | 近似计算方法。针对典型换流变压器，基于方法 1 的测量结果，以工频电阻作为基准，推出各次谐波频率与对应谐波电阻的典型关系表（见表 3-3），根据典型值，近似计算其他换流变压器的负载损耗 |
| 方法 3 | 只在工频和一个高于 150Hz 的频率下测量换流变压器的负载损耗，然后通过公式计算出总的负载损耗 |

**表 3-3**　　　　　　　　各次谐波与电阻系数典型关系表

| 谐波次数 | 电阻系数 $K$ | 谐波次数 | 电阻系数 $K$ |
|---|---|---|---|
| 1 | 1.00 | 25 | 52.90 |
| 3 | 2.29 | 29 | 69.00 |
| 5 | 4.24 | 31 | 77.10 |
| 7 | 5.65 | 35 | 92.40 |
| 11 | 13.00 | 37 | 101.00 |
| 13 | 16.50 | 41 | 121.00 |
| 17 | 26.60 | 43 | 133.00 |
| 19 | 33.80 | 47 | 159.00 |
| 23 | 46.40 | 49 | 174.00 |

双绕组换流变压器的空载损耗计算式为

$$\Delta A_0 = P_0 \left( \frac{U_{\mathrm{av}}}{U_{\mathrm{tap}}} \right)^2 t \approx P_0 t \tag{3-9}$$

式中　　$\Delta A_0$——空载电能损耗，kWh；

　　　　$P_0$——换流变压器空载损耗，kW；

　　　　$U_{\mathrm{av}}$——平均电压，kV；

　　　　$U_{\mathrm{tap}}$——换流变压器的分接头电压，kV；

　　　　$t$——换流变压器运行时间，h。

双绕组换流变压器的负载损耗计算式为

$$\Delta A_{\mathrm{T}} = \sum_{1}^{49} (I_n^2 R_n t) \times 10^{-3} \tag{3-10}$$

式中　　$\Delta A_{\mathrm{T}}$——换流变压器的电能损耗，kWh；

　　　　$n$——谐波次数，$n = 6k \pm 1$，$k = 1, 2, 3, \cdots, 8$；

　　　　$I_n$——第 $n$ 次谐波电流有效值，A；

　　　　$R_n$——第 $n$ 次谐波电阻，$\Omega$；

　　　　$t$——换流变压器运行时间，h。

其中，电阻 $R_n$ 可通过实测方法得到或根据下式计算

$$R_n = k_n R_1 \tag{3-11}$$

式中　$k_n$——电阻系数，其值见表 3-3；

　　　$R_1$——工频下换流变压器的电阻，$\Omega$。

　　其中，$R_1$ 根据换流变压器额定电流下的短路损耗计算得到

$$R_1 = \frac{P_k}{I^2} \times 10^3 \tag{3-12}$$

式中　$P_k$——换流变压器额定电流下的单相额定负载损耗，kW；

　　　$I$——换流变压器额定电流，A。

## 3.4　直流元件电能损耗计算实例

　　以某特高压直流输电工程的 JJP 换流站为例，换流阀的参数见表 3-4，换流站内的换流变压器参数及典型日通过换流变压器的电量见表 3-5，两组换流变分别给 Y 接线的桥及 △ 接线的桥供电，如图 3-3 所示。双极额定运行方式下，假设换流器的触发角为 15°（0.262rad），换相角 $\mu$ 取 20°（0.349rad），每个晶闸管的阻尼电阻值为 36$\Omega$，每个晶闸管的阻尼电容值为 $1.4U_f$，计算换流站中换流阀的总损耗、换流变压器的损耗。

表 3-4　　　　　　　　　换流阀的参数

| 换流站名称 | 换流阀数量（个） | 每个阀晶闸管数量（片） | 阀片的通态压降（V） | 阀片平均通态电阻（$\Omega$） | 阀阻尼电容有效值加上阀两端间的全部有效杂散电容（nF） | 变压器阀侧空载电压有效值（kV） | 制造厂 |
|---|---|---|---|---|---|---|---|
| JJP | 3×12 | 60 | 1.19 | 0.000 16 | 1 600 | 171.03 | 甲 |
| JJP | 1×12 | 72 | 1.8 | 0.000 15 | 1 600 | 165.9 | 乙 |

表 3-5　　　换流变压器参数及典型日通过换流变压器的电量

| 变电站名称和主变压器号 | 额定容量（MVA） | 典型日变压器电源侧通过的电量（MWh） | 高压侧额定电压（kV） | 低压侧额定电压（kV） | 额定空载损耗功率（kW） | 额定短路损耗功率（kW） | 额定短路电压百分比（%） |
|---|---|---|---|---|---|---|---|
| JJP | 363.4 | 7 200（单台）×6 | 535/1.732 | 171.3/1.732 | 158.4 | 876 | 19.05 |
| JJP | 363.4 | 7 200（单台）×6 | 525/1.732 | 171.3 | 158.4 | 876 | 19.05 |

| 变电站名称和主变压器号 | 额定容量（MVA） | 典型日变压器电源侧通过的电量（MWh） | 高压侧额定电压（kV） | 低压侧额定电压（kV） | 额定空载损耗功率（kW） | 额定短路损耗功率（kW） | 额定短路电压百分比（%） |
|---|---|---|---|---|---|---|---|
| JJP | 363.4 | 7 200（单台）×6 | 535/1.732 | 171.3/1.732 | 154.8 | 876 | 19.05 |
| JJP | 363.4 | 7 200（单台）×6 | 535/1.732 | 171.3 | 154.8 | 876 | 19.05 |

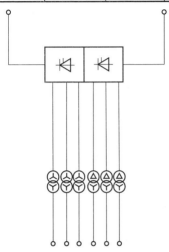

图 3-3　JJP 换流单元接线示意图

由表 3-4 可知，该站共 48 个换流阀，36 个由甲厂制造，12 个由乙厂制造。

（1）计算换流阀的损耗。

1）单阀导通损耗功率。

①甲厂生产的单阀导通损耗功率为

$$P_{\mathrm{Tl1}} = \frac{N_i I_{\mathrm{d}}}{3}\left[U_0 + R_0 I_{\mathrm{d}}\left(\frac{2\pi - \mu}{2\pi}\right)\right] \times 10^{-3}$$

$$= \frac{60 \times 4\,500}{3} \times \left[1.19 + 0.000\,16 \times 4\,500 \times \left(\frac{2\pi - 0.401}{2\pi}\right)\right] \times 10^{-3}$$

$$= 90 \times (1.19 + 0.16 \times 4.5 \times 0.936)$$

$$= 90 \times (1.19 + 0.674)$$

$$= 167.76(\mathrm{kW})$$

②乙厂生产的单阀导通损耗功率为

$$P_{TI2} = \frac{N_i I_d}{3}\left[U_0 + R_0 I_d\left(\frac{2\pi-\mu}{2\pi}\right)\right]$$

$$= \frac{72\times4\,500}{3}\times\left[1.8+0.000\,15\times4\,500\times\left(\frac{2\pi-0.401}{2\pi}\right)\right]\times10^{-3}$$

$$= 90\times[1.8+0.15\times4.5\times0.936]$$

$$= 90\times[1.8+0.632]$$

$$= 262.66(kW)$$

③JJP 换流站的换流阀的阀导通损耗为

$$P_{TI} = 36\times P_{TI1} + 12\times P_{TI2} = 36\times167.67+12\times262.66 = 9.19(MW)$$

2）单阀阻尼损耗功率。该换流站是由两组换流变分别给 Y 接线的桥及△接线的桥供电时，$L_1=0$，$m=0$，因此式（3-7）变为

$$P_{T2R} = 2\pi f^2 U_{v0}^2 C_{AC}^2 R_{AC}\left[\frac{4\pi}{3}-\frac{\sqrt{3}}{2}-7\times\frac{\mu}{4}+\frac{7}{8}\sin2\alpha+\frac{7}{8}\sin(2\alpha+2\mu)\right]$$

$$= 2.14\times10^{-3}(MW)$$

$$P_{T2c} = \frac{U_{v0}^2 f C_{HF}(7+6m^2)}{4}[\sin^2\alpha+\sin^2(\alpha+\mu)]$$

$$= \frac{171.3^2\times50\times1632.4\times10^{-9}\times7}{4}\times[\sin^2 0.2618+\sin^2(0.261\,8+0.349)]$$

$$= 0.43(MW)$$

$$P_{T2} = 48\times0.43 = 20.64(MW)$$

换流阀总损耗 $P_T$=20.64×0.625+9.19×0.375=16.35（MW）

（2）JJP 换流变压器损耗计算。已知 JJP 换流站由 2 组 12 脉动换流器构成，因此共有换流变压器 24 台。

12 脉动换流器由 2 个 6 脉动换流器通过换流变压器组合而成。因此通过换流变压器的特征谐波电流是 $6n\pm1$ 次，特征谐波电流 $I_n$ 为

$$I_n = \frac{\sqrt6 I_d F_1}{n\pi} \tag{3-13}$$

其中：

$$F_1 = \frac{\left[ k_1^2 + k_2^2 - 2k_1 k_2 \cos(2\alpha + \mu) \right]^{1/2}}{\cos\alpha - \cos(\alpha + \mu)} \tag{3-14}$$

$$k_1 = \frac{\sin\left( (n-1) \times \dfrac{\mu}{2} \right)}{n-1} \tag{3-15}$$

$$k_2 = \frac{\sin\left( (n+1) \times \dfrac{\mu}{2} \right)}{n+1} \tag{3-16}$$

由以上公式计算提供换流变压器各次特征谐波电流见表 3-6。

表 3-6　　　　　换流变压器的谐波电流方均根计算结果

| 谐波次数 $n$ | 换相角 $\mu$ （rad） | 系数 $k_1$ | 系数 $k_2$ | 系数 $F_1$ | 谐波电流方均根 $I_n$（A） |
|---|---|---|---|---|---|
| 1 | | | | | 4 500.00 |
| 5 | 0.349 | 0.160 629 | 0.144 293 | 0.212 446 | 149.15 |
| 7 | 0.349 | 0.144 321 | 0.123 095 | 0.214 391 | 107.51 |
| 11 | 0.349 | 0.098 486 | 0.072 185 | 0.205 332 | 65.53 |
| 13 | 0.349 | 0.072 185 | 0.045 939 | 0.191 531 | 51.72 |
| 17 | 0.349 | 0.021 407 | 329 000 | 0.145 71 | 30.09 |
| 19 | 0.349 | 329 000 | −0.017 07 | 0.116 586 | 21.54 |
| 23 | 0.349 | −0.029 19 | −0.036 07 | 0.060 664 | 9.26 |
| 25 | 0.349 | −0.036 07 | −0.037 87 | 0.045 557 | 6.40 |
| 29 | 0.349 | −0.035 18 | −0.028 88 | 0.057 201 | 6.92 |
| 31 | 0.349 | −0.028 88 | −0.020 11 | 0.066 286 | 7.51 |
| 35 | 0.349 | −0.010 09 | −330 000 | 0.068 564 | 6.88 |
| 37 | 0.349 | −330 000 | 0.008 97 | 0.061 366 | 5.82 |
| 41 | 0.349 | 0.016 044 | 0.020 603 | 0.037 834 | 3.24 |
| 43 | 0.349 | 0.020 603 | 0.022 376 | 0.028 206 | 2.30 |
| 47 | 0.349 | 0.021 415 | 0.018 059 | 0.032 682 | 2.44 |
| 49 | 0.349 | 0.018 059 | 0.012 881 | 0.039 667 | 2.84 |

由各次谐波电流计算换流变的可变损耗 $P_n$ 见表 3-7。

表 3-7　　　　　换流变压器的各次谐波的可变损耗计算结果

| 谐波次数 $n$ | 谐波电流方均根 $I_n$（A） | 换流变压器 $p_k$（MW） | 基波电阻 $R_1$（Ω） | $K_n$ | $n$ 次谐波电阻 $R_n$（Ω） | $n$ 次谐波可变损耗 $P_n$（W） |
|---|---|---|---|---|---|---|
| 1 | 4 500.00 | 0.876 | 0.04 | 1 | 0.04 | 876 000.00 |
| 5 | 149.15 | 0.876 | 0.04 | 4.24 | 0.18 | 4 080.55 |
| 7 | 107.51 | 0.876 | 0.04 | 5.65 | 0.24 | 2 825.27 |
| 11 | 65.53 | 0.876 | 0.04 | 13 | 0.56 | 2 414.72 |
| `13 | 51.72 | 0.876 | 0.04 | 16.5 | 0.71 | 1 909.29 |
| 17 | 30.09 | 0.876 | 0.04 | 26.6 | 1.15 | 1 041.73 |
| 19 | 21.54 | 0.876 | 0.04 | 33.8 | 1.46 | 678.42 |
| 23 | 9.26 | 0.876 | 0.04 | 46.4 | 2.01 | 172.07 |
| 25 | 6.40 | 0.876 | 0.04 | 52.9 | 2.29 | 93.64 |
| 29 | 6.92 | 0.876 | 0.04 | 69 | 2.98 | 143.11 |
| 31 | 7.51 | 0.876 | 0.04 | 77.1 | 3.34 | 187.92 |
| 35 | 6.88 | 0.876 | 0.04 | 92.4 | 4.00 | 189.03 |
| 37 | 5.82 | 0.876 | 0.04 | 101 | 4.37 | 148.10 |
| 41 | 3.24 | 0.876 | 0.04 | 121 | 5.23 | 54.93 |
| 43 | 2.30 | 0.876 | 0.04 | 133 | 5.75 | 30.51 |
| 47 | 2.44 | 0.876 | 0.04 | 159 | 6.88 | 40.99 |
| 49 | 2.84 | 0.876 | 0.04 | 174 | 7.53 | 60.79 |
| 合计 | | | | | | 890 071.06 |

　　由计算结果得到，计及主要各次谐波的总可变损耗为 890.07kW，其中 5 次、7 次……49 次谐波的损耗为 14.071kW，约占基波损耗的 1.6%，空载损耗为 154.8kW，一台换流变压器的总损耗为 1 044.87kW。

　　24 台换流变压器的总损耗约为 1 044.87×24＝25.08（MW）。

# 第 4 章

# 电能损耗计算与实例

本章给出了电网的电能损耗计算方法，分为 35kV 及以上电网的电能损耗计算、10（20/6）kV 电网的电能损耗计算以及 0.4kV 电网的电能损耗计算，提供了不同电压等级电网电能损耗计算应用实例。

## 4.1　35kV 及以上电网的电能损耗计算

### 4.1.1　变压器计算模型与参数

（1）双绕组变压器的计算模型与参数。双绕组变压器的等效电路如图 4-1 所示。

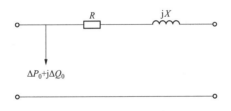

图 4-1　双绕组变压器的等效电路

由图可见，变压器等效电路中主要涉及 4 个参数量，分别说明如下：

1）空载损耗。$\Delta P_0$ 表示变压器的铁芯损耗，单位为 kW；由于变压器空载电流相对于其额定电流来说是很小的，绕组中的铜损很小，所以可以近似认为变压器铁芯损耗等于其空载损耗，该值由变压器铭牌参数直接给出。

2）励磁功率。$\Delta Q_0$ 表示变压器的励磁功率，单位为 kvar；变压器的励磁功率由其空载电流的无功分量产生，考虑到变压器空载电流的有功分量很小，可以近似认为变压器励磁功率就由其空载电流产生。

在变压器铭牌参数给出其空载电流百分比的情况下，可以计算其励磁功率 $\Delta Q_0$

$$\Delta Q_0 = \frac{I_0\%}{100} S_N \qquad (4\text{-}1)$$

式中　$\Delta Q_0$ ——变压器的励磁功率，kvar；

　　　$I_0\%$ ——变压器的空载电流百分数；

　　　$S_N$ ——变压器额定容量，kVA。

3）绕组电阻。$R$ 表示变压器绕组的电阻，单位为Ω；对于变压器而言，其电阻主要由变压器短路试验得到：将变压器一侧短接，另一侧绕组施加电压，使得被短路侧绕组电流达到额定值，此时变压器短路损耗大小决定了其阻抗损耗，也就是变压器的铜损。根据变压器铭牌参数之负载损耗，可以计算其电阻 $R$

$$R = \frac{\Delta P_k U_N^2}{S_N^2} \times 10^3 \qquad (4\text{-}2)$$

式中　$R$——变压器绕组的电阻，Ω；

　　　$\Delta P_k$ ——变压器的短路损耗，kW；

　　　$U_N$ ——变压器的额定电压，kV；

　　　其他符号同式（4-1）。

4）绕组电抗。$X$ 表示变压器绕组的电抗，单位为Ω；变压器的电抗由短路试验时变压器的电压降决定。根据变压器铭牌上给出的短路电压百分比 $U_k\%$，计算其电抗

$$X = \frac{U_k\%}{100} \times \frac{U_N^2}{S_N} \times 10^3 \qquad (4\text{-}3)$$

式中　$X$——变压器绕组的电抗，Ω；

　　　$U_k\%$ ——变压器短路电压百分数；

　　　其他符号同式（4-2）。

（2）三绕组变压器的计算模型与参数。三绕组变压器的等效电路如图 4-2 所示。

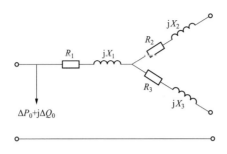

图 4-2　三绕组变压器的等效电路

由图可见，三绕组变压器等值电路中涉及 8 个参数量，空载损耗与励磁功率与双绕组变压器一样，各绕组的电抗分别为 $X_1$、$X_2$、$X_3$，各绕组的电阻分别为 $R_1$、$R_2$、$R_3$，其计算分别说明如下。

1）三绕组变压器的电抗计算。不论变压器各绕组容量之间是何种关系，变压器短路电压百分比值都是已折算为与变压器额定容量相对应的值，根据三绕组变压器手册或铭牌上的短路电压百分比，可以按照下列算式计算各绕组的电抗

$$
\left.
\begin{aligned}
X_1 &= \frac{U_{k1}\% U_N^2}{S_N} \times 10 \\
X_2 &= \frac{U_{k2}\% U_N^2}{S_N} \times 10 \\
X_3 &= \frac{U_{k3}\% U_N^2}{S_N} \times 10
\end{aligned}
\right\}
\tag{4-4}
$$

式中　　$X_1$、$X_2$、$X_3$——变压器三个绕组的电抗，$\Omega$；

$U_{k1}\%$、$U_{k2}\%$、$U_{k3}\%$——变压器三个绕组的短路阻抗百分数；

其他符号同式（4-2）。

其中，

$$
\left.
\begin{aligned}
U_{k1}\% &= 0.5 \times (U_{k(1-2)}\% + U_{k(1-3)}\% - U_{k(2-3)}\%) \\
U_{k2}\% &= 0.5 \times (U_{k(1-2)}\% - U_{k(1-3)}\% + U_{k(2-3)}\%) \\
U_{k3}\% &= 0.5 \times (-U_{k(1-2)}\% + U_{k(1-3)}\% + U_{k(2-3)}\%)
\end{aligned}
\right\}
\tag{4-5}
$$

式中　$U_{k(1-2)}\%$、$U_{k(1-3)}\%$、$U_{k(2-3)}\%$——变压器额定容量下的 1、2 次，1、3 次，2、3 次绕组的短路阻抗百分数，由铭牌给出或试验报告获得。

2）三绕组变压器的电阻计算。

情况一：三绕组变压器进行短路试验时，对 1、2 次，2、3 次及 1、3 次侧绕组分别进行试验。对于变压器三侧绕组容量相同的情况，由于被短路侧绕组的额定电流相同，各侧绕组损耗的功率与其电阻成正比，计算变压器高压侧绕组额定电流情况下的各绕组损耗如下

$$\left.\begin{aligned}
\Delta P_{k1} &= 0.5 \times (\Delta P_{k(1-2)} + \Delta P_{k(1-3)} - \Delta P_{k(2-3)}) \\
\Delta P_{k2} &= 0.5 \times (\Delta P_{k(1-2)} - \Delta P_{k(1-3)} + \Delta P_{k(2-3)}) \\
\Delta P_{k3} &= 0.5 \times (-\Delta P_{k(1-2)} + \Delta P_{k(1-3)} + \Delta P_{k(2-3)})
\end{aligned}\right\}
\qquad (4\text{-}6)$$

式中　$\Delta P_{k1}$、$\Delta P_{k2}$、$\Delta P_{k3}$——变压器 1、2 次和 3 次侧绕组在高压侧绕组额定电流情况下的损耗功率，kW；

　$\Delta P_{k(1-2)}$、$\Delta P_{k(1-3)}$、$\Delta P_{k(2-3)}$——变压器 1、2 次，1、3 次，2、3 次绕组的短路损耗功率，kW。

将上述功率损耗带入式（4-2）可以得到变压器各侧绕组的电阻参数 $R_1$、$R_2$、$R_3$。

情况二：对于三个绕组容量不相等的变压器，由于做短路试验时，受容量较小绕组额定电流的限制，变压器铭牌上给出的短路损耗功率是不同电流情况下的损耗，需要将铭牌给出的 $\Delta P'_{k(1-2)}$、$\Delta P'_{k(1-3)}$、$\Delta P'_{k(2-3)}$ 归算到高压侧绕组额定电流情况下的 $\Delta P_{k(1-2)}$、$\Delta P_{k(1-3)}$、$\Delta P_{k(2-3)}$，即

$$\left.\begin{aligned}
\Delta P_{k(1-2)} &= \Delta P'_{k(1-2)} \left(\frac{S_1}{S_2}\right)^2 \\
\Delta P_{k(1-3)} &= \Delta P'_{k(1-3)} \left(\frac{S_1}{S_3}\right)^2 \\
\Delta P_{k(2-3)} &= \Delta P'_{k(2-3)} \left(\frac{S_1}{\min\{S_2,S_3\}}\right)^2
\end{aligned}\right\}
\qquad (4\text{-}7)$$

式中　$S_1$、$S_2$、$S_3$——分别为 1、2、3 次侧绕组的额定容量，kVA。

将归算到高压侧绕组额定电流情况的 $\Delta P_{k(1-2)}$、$\Delta P_{k(1-3)}$、$\Delta P_{k(2-3)}$ 带入式（4-6）和式（4-2），可以计算三个绕组容量不相等的变压器三次侧绕组的电阻值 $R_1$、$R_2$、$R_3$。

## 4.1.2　潮流法

潮流法可分为电力法和电量法，35kV 及以上电网的电能损耗计算采用在线潮流法。

（1）电力法。根据每小时的发电机的有功、无功（电压）数据、负荷的有功、无功数据、网络拓扑结构及元件阻抗参数进行潮流计算，得出每个节点电压，然后根据已知的电压与节点导纳关系计算出每条支路的有功损耗。将所有支路的损耗相加，即是全网 1h 的可变损耗，加上变压器铁损、计量装置损耗等固定损耗后就得到了全网 1h 的损耗，接着将 24h 的损耗相加，即得出一天的线损。

35kV 及以上电网 24h 的运行参数是可以量测获取的，为了反映电网发电功率及负荷曲线的变化对线损电量的影响，一般以每小时为周期进行代表日的线损理论计算，代表日损耗电量为

$$\Delta A_{\mathrm{d}} = \sum_{i=1}^{n}\left(3\sum_{t=1}^{24} I_{ti}^2 R_{ti}\right) \times 10^{-3} + \sum_{j=1}^{k}\sum_{t=1}^{24}\Delta P_{0k} + \Sigma \Delta P_{\mathrm{l}} \qquad (4-8)$$

式中　$\Delta A_{\mathrm{d}}$——代表日线损电量，kWh；

　　　$n$——电网线路及变压器支路条数；

　　　$k$——电网变压器的台数；

　　　$R_{ti}$——不考虑温度变化情况下第 $j$ 条支路 $t$ 时的电阻，Ω；

　　　$I_{ti}$——第 $j$ 条支路 $t$ 时的电流（采用潮流计算得到的系统运行

　　　　　　参数），A；

　　　$\Delta P_{0k}$——第 $k$ 台变压器的短路损耗功率，kW；

　　　$\Sigma\Delta P_{\mathrm{l}}$——系统电晕、站用电、调相机等设备的损耗，kWh。

（2）电量法。由于电能表的精度比功率表的高，人们往往希望用

电量数据参与线损计算，其基本思路是首先将电网各节点一天 24h 的负荷折算成以相应 24h 的总功率为基准的负荷或功率分配系数，再将代表日电量（有功电量和无功电量）乘以相应负荷或功率分配系数，形成 24h 各个节点负荷的有功功率和无功功率；同样地，对发电机有功功率和无功功率也借助其电量数据做类似处理，再进行潮流计算。接着采用与电力法相同的方式得到全网的电能损耗。

对于 35kV 以上的复杂电网，不同变电站的负荷在 24h 中变化是随各地区负荷构成而异的，相应发电厂由于水文条件、系统调节以及交换功率的需要，其功率曲线也各不相同，如仅用电量折算成平均功率计算损耗，将会带来很大误差，因此需要充分考虑负荷曲线及发电功率曲线对损耗的影响。计算方法是将负荷和发电机功率曲线折算成以平均功率为基准的负荷系数表或发电功率系数表，当采用电量法进行损耗计算时，将电量折算成平均功率后乘以相应负荷或发电系数，形成 24h 节点负荷或发电机功率数据后进行潮流计算。具体的实现过程如下：

对于第 $i$ 节点第 $k$ 小时有功负荷，其负荷系数 $f_{i,k}$ 为

$$f_{i,k} = \frac{24P_{i,k}}{\sum\limits_{i=1}^{24} P_{i,k}} \qquad (4\text{-}9)$$

式中　$P_{i,k}$——第 $i$ 节点第 $k$ 小时有功负荷。

在采用电量法进行电网电能损耗计算时，量测得到代表日每个节点的供电量后，分别乘以其对应的负荷系数就可以得到 24h 的功率数据。对于负荷的无功电量、发电机的有功、无功电量均可以采用该方法进行处理。在得到发电、负荷等电网 24h 运行数据后，采用潮流计算得到系统电流和电压，进而计算电网的电能损耗。采用电量法计算线损时，可以充分考虑负荷曲线及发电机功率曲线对线损的影响，同时可以弥补因电能表不准确带来的误差。

（3）在线潮流算法。当在线潮流数据质量能够满足电能损耗计算

需要时，可采用在线潮流法校核电力法和电量法的计算结果。根据代表日 24h 电源点、负荷点的有功功率和无功功率，结合网络拓扑进行潮流计算，统计得到分元件损耗和电网损耗电量。电量法是根据代表日电源点、负荷点的日出力曲线及负荷曲线将 24h 有功电量和无功电量折算成 24h 功率，结合网络拓扑进行潮流计算，统计得到分元件损耗和电网损耗电量。随着电网企业信息化和智能化程度普遍提高，电网量测数据可以实现在线采集、在线处理，并形成在线潮流数据，若 500kV 及以上电网在线潮流数据质量能满足电能损耗计算的需要，可采用在线潮流数据进行电网电能损耗计算。

35kV 及以上电网潮流计算是由发电机和负荷功率推知电流、电压的过程，从而可得到各个 35kV 及以上电网元件的有功损耗及整个 35kV 及以上电网的有功损耗。在建立 35kV 及以上电网潮流计算模型时，可以计入架空线路、电缆线路、双绕组变压器、三绕组变压器、串联电抗器、并联电容器、并联电抗器；站用变压器所消耗的功率作为负荷处理；调相机作为发电机处理。

为了准确计算 35kV 及以上电网电能损耗，此处的潮流法与传统电网的潮流计算有差别：①线路电阻体现了线路的损耗，在潮流计算过程中线路电阻不容忽略；②变压器的铜损和铁损等效支路不容忽略，可以将变压器铁损等效为变压器对地电导支路，变压器铜损等效为一、二次侧绕组的电阻支路；③高压线路的电晕损耗不容忽略，在节点平衡方程中需纳入电晕损耗功率；④变电站站用电可以作为有损负荷处理。

（4）潮流方程及求解。电力系统潮流是反映其电流电压分布的主要依据。为了得到电力系统潮流分布结果，主要基于电力系统节点方程，建立起电力系统潮流方程进而进行求解。在较为常用的极坐标下，节点的电压表示为

$$\dot{V}_i = V_i(\cos\theta_i + j\sin\theta_i) \tag{4-10}$$

进而节点的电流表示为

$$I_i = \sum_{j=1}^{n}(G_{ij} + jB_{ij})V_j(\cos\theta_j + j\sin\theta_j) \qquad (4\text{-}11)$$

节点的功率表示为

$$P_i + jQ_i = V_i I_i^* \qquad (4\text{-}12)$$

对上式进行改写后

$$\begin{cases} P_i = V_i \sum_{j=1}^{n} V_j (G_{ij}\cos\theta_{ij} + B_{ij}\sin\theta_{ij}) \\ Q_i = V_i \sum_{j=1}^{n} V_j (G_{ij}\sin\theta_{ij} - B_{ij}\cos\theta_{ij}) \end{cases} \qquad (4\text{-}13)$$

考虑到变压器具有空载有功损耗和励磁功率，在建立其节点功率方程时，需将二者以负荷形式并联在节点上。对于变压器高压侧绕组所在的节点

$$\begin{cases} P_i = V_i \sum_{j=1}^{n} V_j (G_{ij}\cos\theta_{ij} + B_{ij}\sin\theta_{ij}) + \Delta P_{0i} \\ Q_i = V_i \sum_{j=1}^{n} V_j (G_{ij}\sin\theta_{ij} - B_{ij}\cos\theta_{ij}) + \Delta Q_{0i} \end{cases} \qquad (4\text{-}14)$$

对于 500kV 和 1 000kV 线路，其电晕损耗可纳入潮流方程，考虑到输电线路的电晕电流具有分布参数性质，将电晕损耗分为相等的两部分，分别并联在输电线路的两端。认为是"有功负荷"，推导出考虑电晕损耗的潮流方程进行计算。对于考虑输电线路电晕损耗的节点 $i$ 的功率方程为

$$\begin{cases} P_i = V_i \sum_{j=1}^{n} V_j (G_{ij}\cos\theta_{ij} + B_{ij}\sin\theta_{ij}) + 0.5\sum_{j=1}^{n} P_{cij}(V_i, V_j)l_{ij} \\ Q_i = V_i \sum_{j=1}^{n} V_j (G_{ij}\sin\theta_{ij} - B_{ij}\cos\theta_{ij}) \end{cases} \qquad (4\text{-}15)$$

式中　$l_{ij}$ ——线路 $i$–$j$ 的长度；

$P_{cij}(V_i, V_j)$ ——线路电晕损耗的加权平均值。

对于站用电这一类损耗，在条件允许的情况下，也可以采用类似的处理方式，将其等效为负荷并联在节点处。

上述建立的潮流方程，对于 $n$ 节点的电力系统，具有 $2n$ 个非线性代数方程。由于每个节点具有 $P$、$Q$、$V$、$\theta$ 四个变量，考虑到节点不管是 $P_Q$、$P_V$ 还是平衡节点，其四个变量中是知道 2 个的，那么对于整个系统来说，其具有 $2n$ 个变量。这样潮流方程就是一组具有 $2n$ 个变量 $2n$ 个等式的非线性方程组。对于非线性方程组，其常用的求解方法为牛顿法。牛顿法求解非线性方程组的基本原理如图 4-3 所示。其基本原理是利用泰勒公式将非线性函数逐步线性化，并通过迭代逼近方程组的零点，具体的非线性方程组求解算法可以参考线性计算。

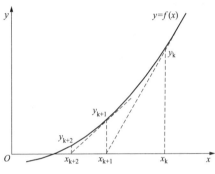

图 4-3　牛顿法求解非线性方程示意图

## 4.2　10（20/6）kV 电网的电能损耗计算

10（20/6）kV 中压配电网的电能损耗计算宜采用等效电阻法；对含新能源、小水电、小火电等小电源接入该电压等级的电网，宜采用等效电（容）量法；对具备信息化采集条件的电网，可采用前推回代潮流法；对网架结构复杂的电网，宜采用潮流法。

### 4.2.1　等效电阻法

10（20/6）kV 中压配电网等效电阻法电能损耗计算的基本假设为：各负荷节点负荷曲线的形状与首端相同，各负荷节点的功率因数均与首端相等，忽略沿线电压降落对电能损耗的影响。10（20/6）kV 中压配电网等效电阻法电能损耗计算宜以配电线为单元开展计算。

10（20/6）kV 中压配电网电能损耗的计算公式为

$$\Delta A = \sum \Delta A_0 + 3I_{av(0)}^2 k^2 R_{eq} t \times 10^{-3} \tag{4-16}$$

式中　$\Delta A$ ——10（20/6）kV 配电网的电能损耗，kWh；

　　　$\Delta A_0$ ——10（20/6）kV 中压配电网元件的固定损耗，包括变压器空载损耗、电容器、电抗器、辅助元件等的电能损耗，kWh；

　　　$I_{av(0)}$ ——计算时段 $t$ 内配电网首端的平均电流，A；

　　　$k^2$ ——负荷曲线形状系数的平方值；

　　　$R_{eq}$ ——配电网的等值电阻，Ω；

　　　$t$ ——计算时间，h。

注：对于代表日计算方式，数据采集密度不小于 24 次/天，可采取 24h 整点数据进行计算。

其中，配电网等效电阻的计算公式为

$$R_{eq} = R_{eqL} + R_{eqR} \tag{4-17}$$

式中　$R_{eq}$ ——配电网的等效电阻，Ω；

　　　$R_{eqL}$ ——配电网线路的等效电阻，Ω；

　　　$R_{eqR}$ ——配电网变压器绕组的等效电阻，Ω。

其中，配电网线路的等效电阻计算公式为

$$R_{eqL} = \frac{\sum_{i=1}^{m} A_{(i)}^2 R_i}{(\sum A_a)^2} \tag{4-18}$$

式中　$R_{eqL}$ ——配电网线路的等值电阻，Ω；

　　　$m$ ——配电网线路段的数量，条；

　　　$A_{(i)}$ ——流经第 $i$ 条线路段送电的负荷节点总有功电量，kWh；

　　　$R_i$ ——第 $i$ 条线路段的电阻，Ω；

　　　$\sum A_a$ ——配电网内所有负荷节点总有功电量，kWh。

配电网所有配电变压器绕组等值电阻的计算公式为

$$R_{eqR} = \frac{U^2}{(\sum A_a)^2} \sum \frac{P_{k(j)} A_{(j)}^2}{S_{(j)}^2} \times 10^3 \qquad (4\text{-}19)$$

式中　$R_{eqR}$——配电变压器绕组的等效电阻，$\Omega$；

$\quad U$——配电变压器高压侧额定电压，kV；

$\quad P_{k(j)}$——第 $j$ 节点所带配电变压器的额定负载损耗，kW；

$\quad A_{(j)}$——第 $j$ 节点所带配电变压器的供电量，kWh；

$\quad S_{(j)}$——第 $j$ 节点所带配电变压器的额定容量，kVA。

如果配电网各负荷节点供电量未能采集，可按各节点配电变压器的负载系数相等计算，即各变压器供电量正比于其额定容量。配电网线路等效电阻和全部配电变压器绕组等值电阻计算公式为

$$R_{eqL} = \frac{\sum_{i=1}^{m} S_{(i)}^2 R_i}{(\sum S_a)^2} \qquad (4\text{-}20)$$

式中　$S_{(i)}$——经第 $i$ 条线路送电的配电变压器额定容量之和，kVA；

$\quad \sum S_a$——配电网内所有配电变压器的额定容量之和，kVA。

$$R_{eqR} = \frac{U^2 \sum P_{k(j)}}{(\sum S_a)^2} \times 10^3 \qquad (4\text{-}21)$$

对于配电网多分段线路，按各线路段的有功电量确定流经各线路段的平均电流，计算公式为

$$I_{av(i)} = I_{av(0)} \frac{A_{(i)}}{\sum A_a} \qquad (4\text{-}22)$$

式中　$I_{av(i)}$——流经第 $i$ 条线路段的平均电流，A；

$\quad I_{av(0)}$——配电网线路首端的平均电流，A。

如果配电网各负荷节点有功电量未能采集，可按各节点配电变压器的负载系数相等计算，即采用各配电变压器额定容量替代式（4-22）中相应节点负荷的有功电量。

## 4.2.2 等效电（容）量法

由于小电源连接变压器存在潮流上网或者下网双向流动的情况，宜分时段计算含小电源的配电网电能损耗，确保每个时段内所计算配电网内的小电源潮流流向基本不变。在等值电阻法的基础上，采用等效电（容）量法计算含小电源的配电网电能损耗公式为

$$\Delta A = \sum \Delta A_0 + \sum_{n=1}^{N} [3I_{\mathrm{rms}(n)}^2 R'_{\mathrm{eq}(n)} \times 10^{-3}] t_{(n)} \qquad (4\text{-}23)$$

式中　　$N$——计算时间 $t$ 所包含 $t_{(n)}$ 的个数，个；

$I_{\mathrm{rms}(n)}$——计算时段 $t_{(n)}$ 内配电网首端的电流方均根值，A；

$R'_{\mathrm{eq}(n)}$——计算时段 $t_{(n)}$ 内基于等效电（容）量法修正的配电网可变损耗等效电阻，$\Omega$；

$t_{(n)}$——采用等效电（容）量法修正配电网等效阻抗的计算时间周期，h。

注：对于代表日计算方式，可采取 24h 整点数据进行计算，即 $N=24$，$t_{(n)}=1\text{h}$。

小电源注入电网的方均根电流计算公式为

$$I_{\mathrm{rms}i(n)} = \frac{\sqrt{A_{\mathrm{ps}i(n)}^2 + A_{\mathrm{qs}i(n)}^2}}{\sqrt{3}U_{\mathrm{s}i(n)}t_{(n)}} \qquad (4\text{-}24)$$

式中　　$I_{\mathrm{rms}i(n)}$——在计算时段 $t_{(n)}$ 内第 $i$ 个小电源注入电网的方均根电流，A；

$A_{\mathrm{ps}i(n)}$——在计算时段 $t_{(n)}$ 内第 $i$ 个小电源的有功电量，kWh；

$A_{\mathrm{qs}i(n)}$——在计算时段 $t_{(n)}$ 内第 $i$ 个小电源的无功电量，kvarh；

$U_{\mathrm{s}i(n)}$——在计算时段 $t_{(n)}$ 内配电网首端的平均电压，kV。

小电源等效容量的计算公式为

$$S_{\mathrm{s}i(n)} = \pm\sqrt{3}I_{\mathrm{rms}i(n)}U_{\mathrm{s}i(n)} \qquad (4\text{-}25)$$

式中　　$S_{\mathrm{s}i(n)}$——在计算时段 $t_{(n)}$ 内第 $i$ 个小电源的等效容量，kVA。

注：当小电源所连接变压器功率下网时，$S_{\mathrm{s}i(n)}$ 取正值；如果小电源所连接变压器功率上网时，$S_{\mathrm{s}i(n)}$ 取负值。

采用配电网负荷节点电量数据计算配电网等效电阻时，可直接将 $A_{psi(n)}$ 带入式（4-18）、式（4-19）修正 $A_{(i)}$、$A_a$，当小电源功率上网时 $A_{psi(n)}$ 取负值，其功率下网时 $A_{psi(n)}$ 取正值，计算配电网可变损耗等效电阻 $R'_{eq(n)}$，再由式（4-23）计算电网电能损耗。

采用配电网变压器容量数据计算配电网等效电阻时，可将小电源看成具有等效容量 $S_{si(n)}$ 的无损配电变压器，以 $S_{si(n)}$ 带入式（4-20）、式（4-21）修正 $S_{(i)}$、$S_a$，再计算配电网可变损耗等效电阻 $R'_{eq(n)}$ 和电网电能损耗。

### 4.2.3　前推回代潮流法

推回代潮流法计算配电网电能损耗的公式为

$$\Delta A = \sum \Delta A_0 + \sum I_{is}^2 R_{is} t \times 10^{-3} \qquad (4\text{-}26)$$

式中　$\Delta A$——10（20/6）kV 配电网的电能损耗，kWh；

$\quad\quad I_{is}$——第 $i$ 个节点到第 $s$ 个节点支路的电流有效值，A；

$\quad\quad R_{is}$——第 $i$ 个节点到第 $s$ 个节点支路的电阻，Ω；

$\quad\quad t$——计算时间，h。

从配电网最末端支路开始向首端计算各条支路的电流

$$\dot{I}_{is} = \dot{I}_s + \sum_{m=1}^{n} \dot{I}_{sm} \qquad (4\text{-}27)$$

式中　$\dot{I}_{is}$——第 $i$ 个节点到第 $s$ 个节点支路的电流，A；

$\quad\quad \dot{I}_s$——电网注入第 $s$ 个节点的电流，A；

$\quad\quad n$——与节点 $s$ 直接相连的所有下层支路条数；

$\quad\quad m$——与节点 $s$ 直接相连的所有下层支路编号；

$\quad\quad \dot{I}_{sm}$——第 $m$ 个与 $s$ 节点直接相连的支路电流，A。

从配电网首端开始向配电网末端计算各节点电压

$$\dot{U}_s = \dot{U}_i - \dot{I}_{is}\dot{Z}_{is} \qquad (4\text{-}28)$$

式中　$\dot{U}_s$——第 $s$ 个节点的电压，kV；

$\quad\quad \dot{U}_i$——第 $i$ 个节点的电压，kV；

$\dot{Z}_{is}$——第 $i$ 个节点到第 $s$ 节点支路阻抗，$\Omega$。

通过前推回代的迭代计算，计算出各个节点电压和各支路电流 $I_{is}$，由式（4-26）计算配电网电能损耗。

### 4.2.4 潮流法

对网络结构复杂，计量装置完善、基础数据齐全的配电网，宜采用潮流法进行理论线损计算。

电阻法计算 10（20/6）kV 电网电能损耗基于以下几个假设：①各负荷节点负荷曲线的形状与首端相同；②各负荷节点的功率因数均与首端相等；③忽略沿线电压降落对电能损耗的影响。第①和②条假设条件保障了系统中所有节点的形状系数和功率因素均相同，这样系统中的电流形状系数和功率因素相同的，使得系统中的电流是可以叠加的。假设条件③保障了系统中所有节点的电压均相同，使得系统中电流和功率是正比例关系。基于上述假设，等值电阻法的计算基本原理是将 10（20/6）kV 电网中的各段线路的电阻折算到线路的首端，折算的基本依据是折算前后该段线路的损耗相同，具体的推导过程如下

$$I_i^2 R_i = I_f^2 R_{fi} \qquad (4\text{-}29)$$

式中　$I_i$、$R_i$——流过第 $i$ 段线路的电流和其电阻；

$I_f$、$R_{fi}$——系统的首端电流和第 $i$ 段线路等值到首端的等效电阻。

根据前文假设可知，线路首端的电流正比于系统内所有负荷电量之和，某段线路的电流也正比于由该线路供电所有负荷电量之和，且二者的比例系数是相同的，也就是

$$I_i = \frac{A_{(i)}}{\sum A_a} I_f \qquad (4\text{-}30)$$

式中　$A_{(i)}$、$\sum A_a$——由线路 $i$ 供电负荷的总电量和系统内所有负荷的电量之和。

结合式（4-29）和式（4-30）可以得到线路 $i$ 电阻被折算到首端后其等效电阻大小为

$$R_{fi} = \frac{A_{(i)}^2}{(\Sigma A_a)^2} R_i \qquad (4\text{-}31)$$

将系统内所有线路段的电阻均折算到首端，由于流经等值电阻的电流是相同的，对于求取系统损耗而言，这些电阻具有叠加性。将这些等效电阻进行相加可以得到系统所有线路的等效电阻公式，即式（4-18）。

考虑到第 $j$ 台变压器，其电阻与其短路损耗之间满足如下关系

$$R_j = \frac{P_{k(j)} U^2}{S_{(j)}^2} \times 10^3 \qquad (4\text{-}32)$$

式中　$U$——配电变压器高压侧额定电压；

$P_{k(j)}$——第 $j$ 节点所带配电变压器的额定负载损耗（短路损耗）；

$S_{(j)}$——第 $j$ 节点所带配电变压器的额定容量。

将式（4-32）带入式（4-30）后，可以得到第 $j$ 台变压器支路折算到首端的等效电阻为

$$R_{fj} = \frac{U^2}{(\Sigma A_a)^2} \times \frac{P_{k(j)} A_{(j)}^2}{S_{(j)}^2} \times 10^3 \qquad (4\text{-}33)$$

对这些电阻进行求和可以得到系统中所有变压器支路的等效电阻，即式（4-19）。

如果配电网各负荷节点供电量未能采集，可按各节点配电变压器的负荷系数相等计算，即各变压器供电量正比于其额定容量。基于上述假设，将各节点的电量数据采用该节点的变压器容量代替，就可以得到系统的等效电阻分别如式（4-20）和式（4-21）所示。

等效电阻法由于其计算简单，原理清晰是目前被广泛应用的 10（20/6）kV 电网电能损耗计算方法。目前分布式电源正在蓬勃发展，需要考虑小电源接入对 10（20/6）kV 电网线损计算的影响。因此基于等效电阻法，提出了等效容（电）量法。该方法主要对传统等效电阻法做了两个方面的修正：①将小电源等效为一定电量的负荷或者一定容量的变压器；②考虑到小电源连接变压器存在潮流上网或者下网双向流动的情况，建议分时段计算含小电源的配电网电能损耗，确保每

个时段内所计算配电网内的小电源潮流流向基本不变，采用方法上述处理后可以一定程度上考虑小电源接入对系统损耗的影响，对于不具备潮流计算系统损耗的 10（20/6）kV 电网具有一定的适应性。

小电源出力形状系数由其发电指令或者能源特性决定，与负荷形状系数之间存在差异，这导致基于等效电阻法修正的等效容（电）量法不一定适应。在系统具有前推回代计算条件的电网，建议通过前推回代法计算系统的损耗。对于网络结构复杂的系统，前推回代法难以适应，可以考虑通过潮流法进行电能损耗计算。

## 4.3　0.4kV 电网的电能损耗计算

0.4kV 低压电网的电能损耗计算宜采用等效电阻法、分相等效电阻法和台区损失率法；对于信息化采集完好的电网，可采用分相潮流计算法；电压损失率法估算线损率的方法可用于校核单条中低压配电线路的理论计算线损率。

### 4.3.1　等效电阻法

0.4kV 低压电网与 10（20/6）kV 中压配电网的特点相似，宜采用等效电阻法计算其损耗，即应用 10（20/6）kV 中压配电网等效电阻法的数学计算模型，结合 0.4kV 低压电网的特殊性，利用配电变压器低压侧总表的有功、无功电量替代 10（20/6）kV 中压配电网的首端电量；利用各用户电能表的有功、无功电量计算出一个等效容量，并以此替代 10（20/6）kV 线路中配电变压器的容量。0.4kV 低压电网等效电阻法电能损耗计算宜以台区为单元开展计算。

三相三线制和三相四线制的低压网线损理论计算公式为

$$\Delta A_{\text{b}} = N(kI_{\text{av}})^2 R_{\text{eqL}} \cdot t \times 10^{-3} + \left(\frac{t}{24D}\right)\sum(\Delta A_{\text{db}i}m_i) + \sum \Delta A_{\text{C}} \quad (4\text{-}34)$$

式中　　$\Delta A_{\text{b}}$——三相负荷平衡时低压网理论线损电量，kWh；

$N$ ——电网结构系数，单相供电取 2，三相三线制时取 3，三相四线制时取 3.5；

$k$ ——形状系数；

$I_{av}$ ——线路首端平均电流，A；

$R_{eqL}$ ——低压线路的等效电阻，$\Omega$；

$t$ ——运行时间，h；

$D$ ——全月日历天数；

$\Delta A_{dbi}$ ——第 $i$ 类电能表月损耗，kWh；

$m_i$ ——第 $i$ 类电能表的个数；

$\Delta A_C$ ——无功补偿设备的损耗，kWh。

电能表类型可按计量方式分为单相电能表、三相三线电能表、三相四线电能表。

其中，低压线路的等效电阻 $R_{eqL}$ 计算公式为

$$R_{eqL} = \frac{\sum_{j=1}^{n} N_j A_{j,\Sigma}^2 R_j}{N\left(\sum_{i=1}^{m} A_i\right)^2} \qquad (4\text{-}35)$$

式中　$N_j$ ——第 $j$ 段线段的电网结构系数；

$A_{j\cdot\Sigma}$ ——第 $j$ 计算线段供电的用户电能表抄见电量之和，kWh；

$R_j$ ——第 $j$ 计算线段的电阻，$\Omega$；

$N$ ——配电变压器低压出口电网结构系数；

$m$ ——用户电能表个数；

$A_i$ ——第 $i$ 个用户电能表的抄见电量，kWh。

### 4.3.2　分相等效电阻法

分相等效电阻法可计算出三相负荷不平衡时的损耗，计算公式为

$$\Delta A_{unb} = N(kI_{av})^2 R_{eqL} K_b t \times 10^{-3} + \left(\frac{t}{24D}\right)\sum(\Delta A_{dbi} m_i) + \Sigma\Delta A_C \quad (4\text{-}36)$$

式中　$\Delta A_{unb}$——三相负荷不平衡时低压线路的线损电量，kWh；

$K_b$——三相负荷不平衡与三相负荷平衡时损耗的比值；

其他符号同式（4-34）。

其中，$K_b$ 与三相负荷不平衡度 $\delta\%$ 有关。

设三相负荷电流的平均值为 $I_{av}[I_{av} = (I_A + I_B + I_C)/3]$，最大一相负荷电流为 $I_{max}$，则三相电流不平衡度（又称不平衡率）$\delta\%$ 为

$$\delta\% = \frac{I_{max} - I_{av}}{I_{av}} \times 100\% \tag{4-37}$$

下面分三种情况来研究 $K_b$ 的计算公式。

（1）情况一：一相负荷重，一相负荷轻，第三相负荷为平均负荷。

设平均电流为 $I_{av}$，重负荷相电流为 $(1+\delta)I_{av}$，轻负荷相电流为 $(1-\delta)I_{av}$，中性线电流为 $\sqrt{3}\delta I_{av}$；则该线路的线损（功率损耗）为

$$\begin{aligned}\Delta P_{unb \cdot 1} &= [(1+\delta)^2 I_{av}^2 + (1-\delta)^2 I_{av}^2 + I_{av}^2]R + 3\delta^2 I_{av}^2 \times 2R \\ &= 3I_{av}^2 R + 8\delta^2 I_{av}^2 R\end{aligned} \tag{4-38}$$

而三相负荷平衡时的线路线损（功率损耗）为

$$\Delta P_{unb} = 3I_{av}^2 R \tag{4-39}$$

两者相比得

$$K_1 = \frac{\Delta P_{unb \cdot 1}}{\Delta P_{unb}} = \frac{3I_{av}^2 R + 8\delta^2 I_{av}^2 R}{3I_{av}^2 R} = 1 + \frac{8}{3}\delta^2 \tag{4-40}$$

相关规程规定，在低压主干线和主要分支线的首端，三相负荷电流不平衡度不得超过 20%。当 $\delta=0.2$ 时，$K_1=1.11$，即由于三相负荷不平衡度所引起的线损增加 11%。当 $\delta=100\%=1.0$（即一相负荷电流为 $2I_{av}$，一相负荷电流为 0，第三相负荷电流为 $I_{av}$）时，则 $K_1=3.67$，也就是说线路线损增加 2.67 倍。

（2）情况二：一相负荷重，两相负荷轻。

设平均电流为 $I_{av}$，重负荷相电流为 $(1+\delta)I_{av}$，轻负荷两相电流为 $\left(1-\dfrac{\delta}{2}\right)I_{av}$，中性线电流为 $\dfrac{3}{2}\delta I_{av}$，则该线路的线损（功率损耗）为

$$\Delta P_{\text{unb}.2} = \left[ (1+\delta)^2 I_{\text{av}}^2 + 2\left(1 - \frac{\delta}{2}\right)^2 I_{\text{av}}^2 \right] R + \frac{9}{4}\delta^2 I_{\text{av}}^2 \times 2R \qquad (4\text{-}41)$$
$$= 3I_{\text{av}}^2 R + 6\delta^2 I_{\text{av}}^2 R(\text{W})$$

与三相负荷电流平衡时线路的线损（功率损耗）相比较得

$$K_2 = \frac{\Delta P_{\text{unb}.2}}{\Delta P_{\text{unb}}} = \frac{3I_{\text{av}}^2 R + 6\delta^2 I_{\text{av}}^2 R}{3I_{\text{av}}^2 R} = 1 + 2\delta^2 \qquad (4\text{-}42)$$

当 $\delta$=20%=0.2 时，$K_2$=1.08，即由于三相负荷电流不平衡度所引起的线损增加 8%。当 $\delta$=200%=2.0（即一相负荷电流为 $3I_{\text{av}}$，另两负荷电流为 0，也就是线路单相供电情况）时，则 $K_2$=9，也就是说线路线损增加 8 倍。

（3）情况三：两相负荷重，一相负荷轻。

设平均电流为 $I_{\text{av}}$，重负荷相电流为 $(1+\delta)I_{\text{av}}$，轻负荷两相电流为 $(1-2\delta)I_{\text{av}}$，中性线电流为 $3\delta I_{\text{av}}$，则该线路的线损（功率损耗）为

$$\Delta P_{\text{unb}.3} = [2(1+\delta)^2 I_{\text{av}}^2 + (1-2\delta)^2 I_{\text{av}}^2]R + 9\delta^2 I_{\text{av}}^2 \times 2R \qquad (4\text{-}43)$$
$$= 3I_{\text{av}}^2 R + 24\delta^2 I_{\text{av}}^2 R(\text{W})$$

与三相负荷平衡时线路的线损（功率损耗）相比较得

$$K_3 = \frac{\Delta P_{\text{unb}.3}}{\Delta P_{\text{unb}}} = \frac{3I_{\text{av}}^2 R + 24\delta^2 I_{\text{av}}^2 R}{3I_{\text{av}}^2 R} = 1 + 8\delta^2 \qquad (4\text{-}44)$$

当 $\delta$=20%=0.2 时，$K_3$=1.32，即由于三相负荷电流不平衡度所引起的线损增加 32%。当 $\delta$=50%=0.5（即两相负荷电流为 1.5$I_{\text{av}}$，另一负荷电流为 0，也就是线路两相供电情况）时，则 $K_3$=3，也就是说线路线损增加 2 倍。

注：一相电流与 $I_{\text{avp}}$ 的比值大于 1.2 时，该相为重；一相电流与 $I_{\text{avp}}$ 的比值在 0.8～1.2 之间时，该相为平均，一相电流与 $I_{\text{avp}}$ 的比值小于 0.8 时，该相为轻。

### 4.3.3　基于实测线损的台区损失率法

该算法属于概率统计算法，其原理是根据台区负荷水平或台区的负载率水平，将低压台区划分为若干类，每类合理选取典型代表台

区，选取的典型台区应具备供电负荷稳定、计量齐全、电能表运行正常、无窃电现象等条件，以各类台区实测线损值为基础，基于各类台区配电变压器容量汇总统计分析，用于整体评估 0.4kV 低压电网的线损水平。

下面将 0.4kV 低压网按负荷水平分为重负荷、中负荷、轻负荷三类台区，每类选取若干典型台区，进行统计计算。0.4kV 低压网电能损耗 $\Delta A$ 的计算公式为

$$\Delta A = (\Delta A_{\text{aveH}} S_{\text{H}} + \Delta A_{\text{aveM}} S_{\text{M}} + \Delta A_{\text{aveL}} S_{\text{L}}) \tag{4-45}$$

式中　　$\Delta A$ ——0.4kV 低压网的电能损耗，kWh；

$\Delta A_{\text{aveH}}$ ——重负荷典型台区的单位配电变压器容量的电能损耗，kWh/kVA；

$\Delta A_{\text{aveM}}$ ——中负荷典型台区的单位配电变压器容量的电能损耗，kWh/kVA；

$\Delta A_{\text{aveL}}$ ——轻负荷典型台区的单位配电变压器容量的电能损耗，kWh/kVA。

$S_{\text{H}}$、$S_{\text{M}}$、$S_{\text{L}}$ ——重负荷、中负荷、轻负荷台区的总容量，kVA。

其中，$\Delta A_{\text{aveH}}$、$\Delta A_{\text{aveM}}$、$\Delta A_{\text{aveL}}$ 计算公式为

$$\Delta A_{\text{aveH}} = \frac{\sum_{i=1}^{m_1} \Delta A_{\text{HT}i}}{\sum_{i=1}^{m_1} S_{\text{HT}i}}, \Delta A_{\text{aveM}} = \frac{\sum_{i=1}^{m_2} \Delta A_{\text{MT}i}}{\sum_{i=1}^{m_2} S_{\text{MT}i}}, \Delta A_{\text{aveL}} = \frac{\sum_{i=1}^{m_3} \Delta A_{\text{LT}i}}{\sum_{i=1}^{m_3} S_{\text{LT}i}} \tag{4-46}$$

式中　$\Delta A_{\text{HT}i}$、$\Delta A_{\text{MT}i}$、$\Delta A_{\text{LT}i}$ ——重负荷、中负荷、轻负荷典型台区基于实测数据计算的电能损耗，kWh；

$m_1$、$m_2$、$m_3$ ——重负荷、中负荷、轻负荷典型台区的个数；

$S_{\text{HT}i}$、$S_{\text{MT}i}$、$S_{\text{LT}i}$ ——重负荷、中负荷、轻负荷典型台区第 $i$ 个配电变压器的容量，kVA。

注：台区负载率大于 70% 为重负荷，30%～70% 为中负荷，小于 30% 为轻负荷。该算法是根据负荷水平选择重负荷、中负荷、轻负荷三类台区，

并计算出三类典型台区的单位配电变压器容量的电能损耗，最后根据区域内三类典型台区的总容量求取系统总的损耗。为了使典型台区具有代表意义，在进行重、中、轻典型台区选取时，应覆盖不同负荷密度、不同供电半径的台区。

### 4.3.4　电压损失率法

电压损失率法估算配电线路损耗率应用已久，然而应用这种方法计算出的结果往往出现较大偏差，特别是随着信息网络技术的发展，该办法已越来越不适应当前配电线路损耗率精确计算的需要。电压损失率法是在理想供电方式下推算出的简易的配电线路损耗率估算方法，应用时应考虑三相电流不平衡、日负荷波动、线路负荷分布以及温度等因素的影响加以修正。

（1）电压损失率法估算低压线路损耗率。假设一个三相四线制低压线路三相负荷平衡运行，其负荷分布方式为末端集中负荷的理想分布，则该线路的电压损失率与其有功功率损耗率有如下的比例关系，利用该关系可以对低压线路损耗率进行估算。

1）低压线路的电压损失率。当长度为 $l$ 的线路在电压 $U$ 作用下传输功率 $S$（有功功率 $P$、无功功率 $Q$）时，线电流 $I$ 在线路的阻抗（由电阻 $R$、电抗 $X$ 构成）上要产生电压损耗，此时线路的电压损失 $\Delta U$ 算式为

$$\Delta U = \frac{PR + QX}{U} = \frac{(r_0 + x_0 \tan\varphi)l}{U} \tag{4-47}$$

式中　$\Delta U$——线路的电压损失，kV；

　　　$r_0$——线路导线单位长度电阻，$\Omega/km$；

　　　$x_0$——线路导线单位长度电抗，$\Omega/km$；

　　　$\tan\varphi$——功率因数角正切值，其值等于无功与有功之比。

若线路首端的运行电压 $U$ 与线路的标称电压 $U_r$ 相同时，则线路电压损失率 $\Delta U\%$ 算式为

$$\Delta U\% = \frac{\Delta U}{U_r}\times 100\% \approx \frac{(r_0 + x_0\tan\varphi)l}{U_r^2}\times 100\% \qquad (4\text{-}48)$$

2）低压线路的有功损耗率。当长度为 $l$ 的线路在电压 $U$ 作用下传输功率 $S$（有功功率 $P$、无功功率 $Q$）时，根据焦耳定律，线电流 $I$ 在线路的电阻 $R$ 上要产生功率损耗，此时线路的功率损耗 $\Delta P$ 算式为

$$\Delta P = 3I^2R = \frac{S^2}{U^2}R = \frac{P^2 + Q^2}{U^2}R = \frac{(1 + \tan^2\varphi)P^2r_0 l}{U^2}\text{(MW)} \qquad (4\text{-}49)$$

若线路首端的运行电压 $U$ 与线路的标称电压 $U_r$ 相同、线路输送功率为 $P$（MW）时，则该低压线路的有功线损率 $\Delta P\%$ 算式为

$$\Delta P\% = \frac{\Delta P}{P}\times 100\% = \frac{(1 + \tan^2\varphi)r_0 l}{U_r^2}\times 100\% \qquad (4\text{-}50)$$

3）电压损失率法估算低压线路的损耗率。令 $K_P = \Delta P\%/\Delta U\%$，根据上述算式（4-48）、式（4-50），可以得到如下算式

$$K_P = \frac{(1 + \tan^2\varphi)r_0 l}{U_r^2}\bigg/\frac{(r_0 + x_0\tan\varphi)l}{U_r^2} = \frac{1 + \tan^2\varphi}{1 + \dfrac{x_0}{r_0}\tan\varphi} \qquad (4\text{-}51)$$

可见，当低压线路结构参数与输送有功、无功一定时，$K_P$ 为常数，则低压线路的有功线损率 $\Delta P\%$ 算式为

$$\Delta P\% = K_P\Delta U\% \qquad (4\text{-}52)$$

当线路负载最大负荷时且已知线路首端电压、有功、无功及末端电压，应用算式（4-51）、式（4-52）即可进行台区低压线路损耗率估算，这种方法就是电压损失率法估算线损法。由于线路首端电压、有功、无功及线路末端电压均可以通过电能表计量装置获得，且低压线路单位长度电阻、电抗值也可以通过相关手册查取，因此该方法在电网企业、供电公司开展公用低压线路线损率估算应用方便。

（2）电压损失率法存在的问题与修正。通过上述算式（4-52）的推导过程可以看出，该算式进行低压线路损耗估算时没有考虑以下因素影响，应用时必须考虑这些影响因素并进行修正。

1）三相电流不平衡对损耗的影响。在公网低压线路中三相负荷平

衡状态运行几乎不可能实现，因此，必须考虑对该影响因素进行修正。通常采用三相负荷电流不平衡度（最大相电流与平均值的偏差占平均值的百分数）来衡量其影响的大小。

根据 4.3.2 三相负荷不平衡度对线损率的影响分析，低压线路三相负荷不平衡度会增大其运行损耗率，与三相线路平衡状态运行时的损耗率相比，会增加 1.1～9.0 倍系数的损耗。当三相负荷不平衡度在正常范围（不平衡度小于 25%）时，取下值；当三相负荷不平衡度超标，且三相负荷一相重（最大电流大于平均电流的 1.2 倍，下同）、两相轻（最小电流小于平均电流的 0.8 倍，下同）时，会增加 1.1～9.0 倍系数的损耗；当三相负荷不平衡度超标，且三相负荷一相重、一相轻、一相接近平均值时，会增加 1.10～3.67 倍系数的损耗；当三相负荷不平衡度超标，且三相负荷两相重、一相轻时，会增加 1.32～3.0 倍系数的损耗。

2）负荷波动对损耗的影响。低压线路投入运行后，其负荷值是随着时间的变化而不同，通常采用典型日负荷曲线来研究负荷波动状态特性，在《电力网电能损耗计算导则》（DL/T 686—2018）中定义了形状系数 $k$（方均根电流与平均电流的比值），用来反映一定时期负荷曲线波动程度。由于线路电能损耗与电流的二次方成正比，因此，负荷波动对低压线路损耗的影响是形状系数的平方（$k^2$）倍的关系。如果按照常规形状系数 1.05 测算，则考虑负荷波动影响后，其损耗率是不考虑负荷波动时损耗率的 1.102 5 倍。根据相关研究文献，公网低压线路的 $k$ 值可取 1.05～1.3，波动幅度小时取下限，反之取上限。

3）负荷分布对损耗的影响。算式（4-52）是基于低压线路末端集中负荷分布条件下推算来的，事实上在公网低压线路中的负荷分布是多样化的。

根据相关研究资料，解决线路上负荷的不同分布对损耗的影响可近似采用负荷分布损耗系数 $h$ 修正：即线路末端集中负荷状态时，$h$=1.0；线路负荷均衡分布状态时，$h$=0.33；线路呈渐增型末端较大负荷分布状态时，$h$=0.53；线路首端负荷较大、呈渐减型分布状态时，

$h$=0.20；线路中央较大负荷、两端负荷较轻状态分布时，$h$=0.38。根据这些结论，可以对算式（4-52）乘以负荷分布损耗系数 $h$ 进行校正。

根据相关研究资料，解决线路上负荷的不同分布对电压损失的影响可近似采用分散负荷率（用 $f$ 表示）修正：即线路末端集中负荷状态时，$f$=1.0；线路负荷均衡分布状态时，$f$=0.50；线路呈渐增型末端较大负荷分布状态时，$f$=0.67；线路首端负荷较大、呈渐减型分布状态时，$f$=0.33；线路中央较大负荷、两端负荷较轻状态分布时，$f$=0.50。

4）温度对损耗的影响。由于《电缆的导体》（GB/T 3956—2008）等给出的导线电阻标准值是在空气温度为 20℃时单位长度的测量标准值 $r_{20}$，因此，在实际工作中，应考虑负荷电流引起导线的温升及周围空气温度对电阻变化的影响，进行如下修正。

$$r_{\theta} = \left[ 1 + 0.2 \left( \frac{I_{\mathrm{rms}}}{I_{\mathrm{yx}}} \right)^2 + a(t_{\mathrm{av}} - 20) \right] r_{20} \qquad (4\text{-}53)$$

式中　　$r_{\theta}$——导线实际电阻值，$\Omega/\mathrm{km}$；

$I_{\mathrm{rms}}$——导线方均根电流值，A；

$I_{\mathrm{yx}}$——导线最大允许电流值，A；

$a$ ——导线电阻温度系数（1/℃，铜、铝导线时取 0.004）；

$t_{\mathrm{av}}$——导线周围空气平均温度，℃。

若低压线路每相导线方均根电流为其最大允许电流的 1/2、导线周围空气温度平均为 30℃时，根据算式（4-53）即可得出该状态下低压线路电阻修正系数为 1.09。即考虑电阻影响后的线损率是没有考虑温度影响时电阻造成线损率的 1.09 倍。

5）电压损失率法存在问题的修正。通过以上四种影响因素分析可以看出，每一种因素对低压线路有功损耗率的影响均不可忽略。要应用电压损耗率法准确估算低压线路的有功损耗率，必须结合实际情况、综合考虑上述四种因素影响对算式（4-52）进行修正。

（3）0.4kV 架空绝缘线路线损率与电压损失率比的典型计算。

计算条件设定：架空线路三相四线制，采用铝绞线芯绝缘导线，导线型号 JKLGYJ-70～240，导线水平排列，横担长度 1 500mm，据此条件计算出导线每 km 电抗值，已知截面积 240、185、150、120、95、70mm$^2$ 架空绝缘导线的 $x_0$ 值（Ω/km）分别为 0.291、0.299、0.306、0.313、0.320、0.330。取导线电阻温度修正系数 1.13（环境最高温度 40℃、导线方均根载流量为其最大允许载流量的 1/2），线路结构损耗系数（三相四线制与三相三线制比）为 1.166 7，常见 0.4kV 架空绝缘线路线损率与电压损失率比如图 4-4 所示。

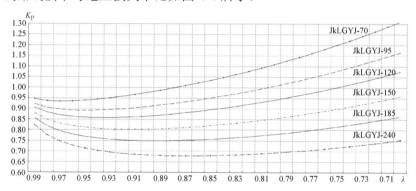

图 4-4　0.4kV 架空线路线损率与电压损失率之比曲线图

图 4-4 中，横坐标表示线路功率因数，纵坐标表示线路线损率与电压损失率之比。

由图可见，只要台区低压线路功率因数保持在 0.9 及以上，截面积 70mm$^2$ 及以上导线的线损率始终低于电压损失率；若低压线路导线截面积 240mm$^2$ 主干线末端电压损失率不超过 4%，则该类低压线路的线损率不应超过 2.7%。

## 4.4　电网的电能损耗计算实例

### 4.4.1　110kV 电网的电能损耗计算实例

（1）基本情况。某 110kV 电网，有 110kV 龙口发电厂电源 1 个，输电线路 3 条，变电站主变压器 3 台，负荷点 5 个，其电气连接及参数如图 4-5 所示。

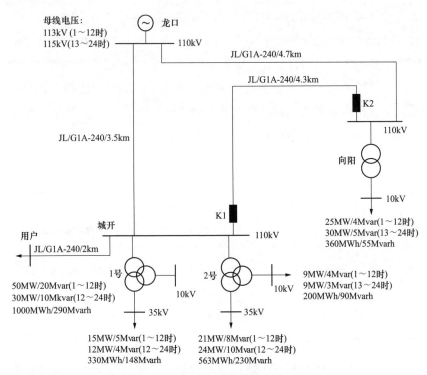

图 4-5  110kV 电网等效系统示意图

电网输电线路和变压器参数见表 4-1 和表 4-2。

表 4-1                                                      输电线路参数表

| 线路型号 | 电压（kV） | 电阻 $r$（Ω/km） | 电抗 $X$（Ω/km） | 电纳 $B$（S/km） |
| --- | --- | --- | --- | --- |
| JL/G1A-240 | 115 | 0.132 | 0.401 | $2.87 \times 10^{-6}$ |

表 4-2                                              变电站变压器参数表

| 参数/变电站 | 城开（1 号、2 号相同） | 向阳 |
| --- | --- | --- |
| 额定容量（MVA） | 50 | 50 |
| 额定电压（kV） | 110±2×2.5%/38.5±2×2.5/11 | 110±2×2.5%/11 |

续表

| 参数/变电站 | 城开（1 号、2 号相同） | 向阳 |
|---|---|---|
| 短路电压百分数（%） | 10.1/16.8/5.77 | 10.8 |
| 短路损耗（kW） | 239/242.2/184 | 148.81 |
| 空载电流百分数（%） | 1.85 | 1.27 |
| 空载损耗（kW） | 50.1 | 46 |
| 当前挡位 | 1/3 | 1 |

**注**　三绕组变压器短路电压百分数以及短路损耗分别高－中，高－低，中－低。

（2）标幺值折算。以 $U_B=U_N$（110kV 系统基准电压 115kV，10kV 系统基准电压 10.5kV），$S_B=1$MVA 为基准，对系统参数进行标幺。其中线路参数标幺化采用如下公式

$$\begin{cases} R^* = rl\dfrac{S_B}{U_B^2} \\[2mm] X^* = xl\dfrac{S_B}{U_B^2} \\[2mm] B^* = bl\dfrac{U_B^2}{S_B} \end{cases}$$

式中　$l$——线路的长度，km。

采用上述公式计算得到的线路参数标幺值结果见表 4-3。

表 4-3　　　　　　　　线路标幺值后的参数表

| 线路名称 | 电阻 $R^*$ | 电抗 $X^*$ | 电纳 $B^*$ |
|---|---|---|---|
| 龙口—向阳 | 469 000 | 0.000 142 5 | 0.178 392 0 |
| 龙口—城开 | 349 000 | 0.000 106 1 | 0.132 845 1 |
| 向阳—城开 | 429 000 | 0.000 130 4 | 0.163 209 7 |
| 城开—用户 | 200 000 | 0.000 060 6 | 0.075 911 5 |

利用式（4-4）～式（4-7）计算变压器的参数后，再对其参数进

行标幺化处理，得到变压器的参数结果见表 4-4。

表 4-4    变压器标幺值后的参数表

| 名称 | $R_1^*$ | $X_1^*$ | $k_1$ | $R_2^*$ | $X_2^*$ |
|------|---------|---------|-------|---------|---------|
| 城开 1 号 | 544 000 | 0.001 933 | 1.004 35 | 331 000 | −851 000 |
| 城开 2 号 | 544 000 | 0.001 933 | 1.004 35 | 331 000 | −851 00 |
| 向阳变电站 | 545 000 | 0.001 976 | 0.958 70 | | |

| 名称 | $k_2$ | $R_3^*$ | $X_3^*$ | $k_3$ |
|------|-------|---------|---------|-------|
| 城开 1 号 | 1 | 343 000 | 0.001 14 | 1.047 62 |
| 城开 2 号 | 1 | 343 000 | 0.001 14 | 1.047 62 |
| 向阳变电站 | — | — | — | — |

对于向阳变电站，其等效电路中的铁芯损耗 $\Delta P_0$ 为其空载损耗 46kW，其励磁功率计算为 $\Delta Q_0 = \dfrac{1.27}{100} \times 50 \times 10^3 = 635$（kvar）。

对于城开变电站，其等效电路中的铁芯损耗 $\Delta P_0$ 为其空载损耗 50.1kW，其励磁功率计算为 $\Delta Q_0 = \dfrac{1.85}{100} \times 50 \times 10^3 = 925$（kvar）。

（3）电力法计算电能损耗。采用电力法进行 35kV 及以上电网电能损耗计算，一般根据系统运行情况，分小时进行 24 个时段的潮流计算。根据图 4-5 提供的各节点运行参数可知，该算例中 1～12h 运行状态一样，13～24h 运行状态一样。为了描述的方便，此处分成两种情况给出其计算结果，对 1～12h 时段建立其潮流方程并进行求解，各节点的参数情况见表 4-5，得到的潮流结果见表 4-6。

表 4-5    电力法计算情况下系统运行参数表（1～12h）

| 编号 | 节点名 | 类型 | 相关参数（标幺值） |
|------|--------|------|---------------------|
| 1 | 龙口 | Slack | $U = 1, \theta = 0$ |
| 2 | 向阳 110 | PQ | $P = 0.046, Q = 0.635$ |
| 3 | 城开 110 | PQ | $P = 0.100, Q = 1.850$ |

续表

| 编号 | 节点名 | 类型 | 相关参数（标幺值） |
|---|---|---|---|
| 4 | 用户 | PQ | $P=50, Q=20$ |
| 5 | 向阳 10 | PQ | $P=25, Q=4$ |
| 6 | 城开 1 号 35 | PQ | $P=15, Q=5$ |
| 7 | 城开 2 号 35 | PQ | $P=21, Q=8$ |
| 8 | 城开 1 号 10 | PQ | $P=0, Q=0$ |
| 9 | 城开 2 号 10 | PQ | $P=9, Q=4$ |
| 10 | 城开 1 号中 | PQ | $P=0, Q=0$ |
| 11 | 城开 2 号中 | PQ | $P=0, Q=0$ |

表 4-6　　电力法计算情况下系统潮流分布结果表（1～12h）

| 编号 | 首节点名 | 末节点名 | 首端有功（MW） | 首端无功（Mvar） | 损耗功率（MW） | 损耗率（%） |
|---|---|---|---|---|---|---|
| 1 | 龙口 | 向阳 110 | 42.458 5 | 15.525 2 | 0.099 4 | 0.234 |
| 2 | 向阳 110 | 城开 110 | 17.278 8 | 9.518 2 | 0.017 5 | 0.101 |
| 3 | 龙口 | 城开 110 | 78.270 9 | 32.858 7 | 0.260 9 | 0.333 |
| 4 | 城开 110 | 用户 | 50.061 0 | 20.113 1 | 0.061 0 | 0.122 |
| 5 | 向阳 110 | 向阳 10 | 25.034 2 | 5.241 5 | 0.034 2 | 0.137 |
| 6 | 城开 110 | 城开 1 号中 | 15.023 7 | 5.500 6 | 0.014 7 | 0.098 |
| 7 | 城开 110 | 城开 2 号中 | 30.086 5 | 14.350 7 | 0.064 0 | 0.213 |
| 8 | 城开 1 号中 | 城开 1 号 10 | 0.000 0 | 0.000 0 | 0.000 0 | 0.000 |
| 9 | 城开 1 号中 | 城开 1 号 35 | 15.009 0 | 4.977 0 | 0.009 0 | 0.060 |
| 10 | 城开 2 号中 | 城开 2 号 35 | 21.018 8 | 7.951 7 | 0.018 8 | 0.089 |
| 11 | 城开 2 号中 | 城开 2 号 10 | 9.003 8 | 4.125 7 | 0.003 8 | 0.042 |

对 13～24h 时段建立其潮流方程并进行求解，各节点的参数情况见表 4-7，得到的潮流结果见表 4-8。

表 4-7　　电力法计算情况下系统运行参数表（13～24h）

| 编号 | 节点名 | 类型 | 相关参数（标幺值） |
|---|---|---|---|
| 1 | 龙口 | Slack | $U=1,\theta=0$ |
| 2 | 向阳 110 | PQ | $P=0.046,Q=0.635$ |
| 3 | 城开 110 | PQ | $P=0.100,Q=1.850$ |
| 4 | 用户 | PQ | $P=30,Q=10$ |
| 5 | 向阳 10 | PQ | $P=30,Q=5$ |
| 6 | 城开 1 号 35 | PQ | $P=12,Q=4$ |
| 7 | 城开 2 号 35 | PQ | $P=24,Q=10$ |
| 8 | 城开 1 号 10 | PQ | $P=0,Q=0$ |
| 9 | 城开 2 号 10 | PQ | $P=9,Q=3$ |
| 10 | 城开 1 号中 | PQ | $P=0,Q=0$ |
| 11 | 城开 2 号中 | PQ | $P=0,Q=0$ |

表 4-8　　电力法计算情况下系统潮流分布结果表（13～24h）

| 编号 | 首节点名 | 末节点名 | 首端有功（MW） | 首端无功（Mvar） | 损耗功率（MW） | 损耗率（%） |
|---|---|---|---|---|---|---|
| 1 | 龙口 | 向阳 110 | 39.945 5 | 13.563 9 | 0.083 6 | 0.209 |
| 2 | 向阳 110 | 城开 110 | 9.768 1 | 6.117 1 | 0.005 8 | 0.059 |
| 3 | 龙口 | 城开 110 | 65.648 8 | 25.972 5 | 0.174 2 | 0.265 |
| 4 | 城开 110 | 用户 | 30.020 2 | 9.986 3 | 0.020 2 | 0.067 |
| 5 | 向阳 110 | 向阳 10 | 30.047 8 | 6.735 5 | 0.047 8 | 0.159 |
| 6 | 城开 110 | 城开 1 号中 | 12.014 5 | 4.306 8 | 0.009 0 | 0.075 |
| 7 | 城开 110 | 城开 2 号中 | 33.102 0 | 15.693 6 | 0.074 4 | 0.225 |
| 8 | 城开 1 号中 | 城开 1 号 10 | 0.000 0 | 0.000 0 | 0.000 0 | 0.000 |
| 9 | 城开 1 号中 | 城开 1 号 35 | 12.005 5 | 3.985 9 | 0.005 5 | 0.046 |
| 10 | 城开 2 号中 | 城开 2 号 35 | 24.024 2 | 9.937 6 | 0.024 2 | 0.101 |
| 11 | 城开 2 号中 | 城开 2 号 10 | 9.003 4 | 3.112 3 | 0.003 4 | 0.037 |

根据表 4-6 和表 4-8 给出的潮流计算结果，可以发现对于 1～12h，系统首端供电功率为 120.729 4MW，13～24h 系统首端供电功率为 105.594 4MW，整个系统全大供电量为 2 715.885 6MWh。对各元件的损耗进行统计发现，电网线路全天损耗电量为 8.671 7MWh，变压器铁芯损耗电量为 3.508 8MWh，变压器铜损电量为 3.704 7MWh，整个系统总的损耗电量为 15.885 1MWh，整个电网的损耗率为 0.585%。线路损耗占整体损耗的 54.6%，变压器占整体损耗的 45.4%，变压器的铜铁损比为 1.06。

（4）电量法计算电能损耗。根据图 4-5 提供的各节点运行参数，利用式（4-9）将各节点的负荷有功电量、无功电量分解为 24h 的有功功率和无功功率，分别对 24h 的电网运行状态进行潮流计算。由于系统 1～12h 以及 13～24h 各节点功率均相同，分别针对 1～12h 和 13～14h 的电网运行情况进行潮流计算。对于 1～12h 各节点的参数情况见表 4-9，得到的潮流结果见表 4-10。

表 4-9　　　　　电量法情况下系统运行参数表（1～12h）

| 编号 | 节点名 | 类型 | 相关参数（标幺值） |
| --- | --- | --- | --- |
| 1 | 龙口 | Slack | $U = 1, \theta = 0$ |
| 2 | 向阳 110 | PQ | $P = 0.046, Q = 0.635$ |
| 3 | 城开 110 | PQ | $P = 0.100, Q = 1.850$ |
| 4 | 用户 | PQ | $P = 52.083, Q = 16.111$ |
| 5 | 向阳 10 | PQ | $P = 13.636, Q = 2.037$ |
| 6 | 城开 1 号 35 | PQ | $P = 15.278, Q = 6.852$ |
| 7 | 城开 2 号 35 | PQ | $P = 21.894, Q = 8.519$ |
| 8 | 城开 1 号 10 | PQ | $P = 0, Q = 0$ |
| 9 | 城开 2 号 10 | PQ | $P = 8.333, Q = 4.286$ |
| 10 | 城开 1 号中 | PQ | $P = 0, Q = 0$ |
| 11 | 城开 2 号中 | PQ | $P = 0, Q = 0$ |

表 4-10　　电量法情况下系统潮流分布结果表（1～12h）

| 编号 | 首节点名 | 末节点名 | 首端有功（MW） | 首端无功（Mvar） | 损耗功率（MW） | 损耗率（%） |
|---|---|---|---|---|---|---|
| 1 | 龙口 | 向阳 110 | 36.055 9 | 13.383 4 | 0.072 0 | 0.200 |
| 2 | 向阳 110 | 城开 110 | 22.291 5 | 10.300 4 | 0.027 1 | 0.121 |
| 3 | 龙口 | 城开 110 | 75.846 8 | 30.950 8 | 0.242 9 | 0.320 |
| 4 | 城开 110 | 用户 | 52.145 8 | 16.228 6 | 0.062 5 | 0.120 |
| 5 | 向阳 110 | 向阳 10 | 13.646 4 | 2.400 9 | 0.010 0 | 0.073 |
| 6 | 城开 110 | 城开 1 号中 | 15.304 5 | 7.417 2 | 0.016 6 | 0.109 |
| 7 | 城开 110 | 城开 2 号中 | 30.318 0 | 15.218 6 | 0.066 2 | 0.218 |
| 8 | 城开 1 号中 | 城开 1 号 10 | 0.000 0 | 0.000 0 | 0.000 0 | 0.000 |
| 9 | 城开 1 号中 | 城开 1 号 35 | 15.287 9 | 6.825 8 | 0.010 1 | 0.066 |
| 10 | 城开 2 号中 | 城开 2 号 35 | 21.915 0 | 8.465 6 | 0.020 6 | 0.094 |
| 11 | 城开 2 号中 | 城开 2 号 10 | 8.336 8 | 4.399 9 | 0.003 4 | 0.041 |

对于 13～24h 各节点的参数进行求取，得到结果见表 4-11，建立潮流方程进行求解得到的潮流结果见表 4-12。

表 4-11　　电量法情况下系统运行参数表（13～24h）

| 编号 | 节点名 | 类型 | 相关参数（标幺值） |
|---|---|---|---|
| 1 | 龙口 | Slack | $U=1, \theta=0$ |
| 2 | 向阳 110 | PQ | $P=0.046, Q=0.635$ |
| 3 | 城开 110 | PQ | $P=0.100, Q=1.850$ |
| 4 | 用户 | PQ | $P=31.250, Q=8.056$ |
| 5 | 向阳 10 | PQ | $P=16.364, Q=2.546$ |
| 6 | 城开 1 号 35 | PQ | $P=12.222, Q=5.482$ |
| 7 | 城开 2 号 35 | PQ | $P=25.022, Q=10.648$ |
| 8 | 城开 1 号 10 | PQ | $P=0, Q=0$ |
| 9 | 城开 2 号 10 | PQ | $P=8.333, Q=3.214$ |

续表

| 编号 | 节点名 | 类型 | 相关参数（标幺值） |
|---|---|---|---|
| 10 | 城开 1 号中 | PQ | $P=0, Q=0$ |
| 11 | 城开 2 号中 | PQ | $P=0, Q=0$ |

表 4-12　　电量法情况下系统潮流分布结果表（13～24h）

| 编号 | 首节点名 | 末节点名 | 首端有功（MW） | 首端无功（Mvar） | 损耗功率（MW） | 损耗率（%） |
|---|---|---|---|---|---|---|
| 1 | 龙口 | 向阳 110 | 31.903 4 | 11.343 3 | 0.053 9 | 0.169 |
| 2 | 向阳 110 | 城开 110 | 15.425 9 | 7.668 9 | 0.012 9 | 0.083 |
| 3 | 龙口 | 城开 110 | 61.814 3 | 24.913 5 | 0.155 3 | 0.251 |
| 4 | 城开 110 | 用户 | 31.271 0 | 8.044 3 | 0.021 0 | 0.067 |
| 5 | 向阳 110 | 向阳 10 | 16.377 6 | 3.053 6 | 0.014 0 | 0.085 |
| 6 | 城开 110 | 城开 1 号中 | 12.238 6 | 5.827 3 | 0.010 2 | 0.083 |
| 7 | 城开 110 | 城开 2 号中 | 33.462 5 | 16.644 0 | 0.077 4 | 0.231 |
| 8 | 城开 1 号中 | 城开 1 号 10 | 0.000 0 | 0.000 0 | 0.000 0 | 0.000 |
| 9 | 城开 1 号中 | 城开 1 号 35 | 12.228 4 | 5.465 6 | 0.006 2 | 0.051 |
| 10 | 城开 2 号中 | 城开 2 号 35 | 25.048 8 | 10.579 7 | 0.026 6 | 0.106 |
| 11 | 城开 2 号中 | 城开 2 号 10 | 8.336 3 | 3.314 2 | 0.003 0 | 0.036 |

根据表 4-10 和表 4-12 给出的潮流计算结果，可以发现对于 1～12h，系统首端供电功率为 111.902 7MW，13～24h 系统首端供电功率为 93.717 8MW，整个系统全天供电量为 2 467.446 0MWh。对各元件的损耗进行统计发现，系统线路全天损耗电量为 7.770 1MWh，变压器铁芯损耗电量为 3.508 8MWh，变压器铜损电量为 3.171 5MWh，整个系统总的损耗电量为 14.450 5MWh，整个电网的损耗率为 0.586%。线路损耗占整体损耗的 53.8%，变压器占整体损耗的 46.2%，变压器的铜铁损比为 0.904。

### 4.4.2　10kV 线路电能损耗计算实例

　　某地区 10kV 城 1 号线路电气接线图如图 4-6 所示，其中节点 9 接入了小电源。线路型号长度和变压器型号如图 4-6 所示，线路的典型参数如表 4-13 所示，变压器的典型参数与运行参数如表 4-14 和表 4-15 所示。

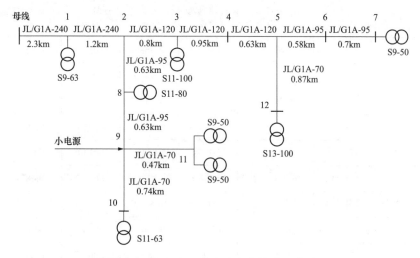

图 4-6　10kV 城 1 号线路电气接线示意图

**表 4-13　　　　　　　　10kV 城 1 号线路参数表**

| 线路型号 | 电压（kV） | 电阻 $R$（Ω/km） | 电抗 $X$（Ω/km） |
|---|---|---|---|
| JL/G1A-240 | 10 | 0.125 | 0.301 |
| JL/G1A-120 | 10 | 0.270 | 0.379 |
| JL/G1A-95 | 10 | 0.330 | 0.388 |
| JL/G1A-70 | 10 | 0.460 | 0.394 |

**表 4-14　　　　　　10kV 城 1 号线路所带变压器参数表**

| 节点 | 型号 | 容量（kVA） | 空载损耗（kW） | 短路损耗（kW） | 短路电压（%） | 空载电流（%） |
|---|---|---|---|---|---|---|
| 1 | S9 | 63 | 0.20 | 1.09 | 4 | 2.5 |

续表

| 节点 | 型号 | 容量<br>（kVA） | 空载损耗<br>（kW） | 短路损耗<br>（kW） | 短路电压<br>（%） | 空载电流<br>（%） |
|---|---|---|---|---|---|---|
| 3 | S11 | 100 | 0.20 | 1.58 | 4 | 2.3 |
| 7 | S9 | 50 | 0.17 | 0.90 | 4 | 2.6 |
| 12 | S13 | 100 | 0.15 | 1.50 | 4 | 2.3 |
| 8 | S11 | 80 | 0.18 | 1.31 | 4 | 2.4 |
| 11 | S9 | 50 | 0.17 | 0.90 | 4 | 2.6 |
| 11 | S9 | 50 | 0.17 | 0.90 | 4 | 2.6 |
| 10 | S11 | 63 | 0.15 | 1.04 | 4 | 2.5 |

表 4-15　　　　　　　10kV 城 1 号线路的变压器运行参数

| 节点编号 | 运行工况一 | | 运行工况二 | |
|---|---|---|---|---|
| | 有功电量<br>（kWh） | 无功电量<br>（kvarh） | 有功电量<br>（kWh） | 无功电量<br>（kvarh） |
| 1 | 625.03 | 444.34 | 625.03 | 444.34 |
| 3 | 901.31 | 704.74 | 901.31 | 704.74 |
| 7 | 496.42 | 352.91 | 496.42 | 352.91 |
| 12 | 1 086.93 | 708.73 | 1 086.93 | 708.73 |
| 8 | 793.41 | 564.05 | 793.41 | 564.05 |
| 11 | 502.84 | 357.48 | 502.84 | 357.48 |
| 11 | 502.84 | 357.48 | 502.84 | 357.48 |
| 10 | 625.00 | 444.32 | 625.00 | 444.32 |

　　针对小电源是否开机，选取两个典型运行工况进行损耗计算，其中运行工况一下（小电源未开机）的运行参数如下：

　　1）线路首端电压：10.5kV；

　　2）首端注入全天有功电量：5 725kWh；全天无功电量：4 070kvarh；

　　3）首端注入电流（A）：

　　（1～12h）：10.1/11/13/12/13/13/13.6/12.7/15.8/17.9/18.7/19.5

　　（13～24h）：20/23/17/19.5/18.7/14.3/17.9/15/17.8/16.9/18.4/15.4

　　运行工况二下（小电源开机）系统的运行参数如下：

1）线路首端电压：10.5kV；

2）首端注入全天有功电量：4 625kWh；全天无功电量：3 288kvarh；

3）首端注入电流（A）：

（1~12h）：8.1/8.8/10.4/9.6/10.4/10.4/10.9/10.2/12.6/14.3/15.0/15.6

（13~24h）：16.0/18.4/13.6/15.6/15.0/11.4/14.3/12.0/14.2/13.5/14.7/12.3

4）小水电参数：

全天注入有功电量：1 093kWh；全天无功电量：749kvar；

注入电流（A）：

（1~12h）：2.4/2.7/2.4/2.1/2.0/2.3/2.7/3.0/1.9/2.1/2.3/2.4

（13~24h）：2.7/2.8/2.3/2.5/2.5/2.4/2.0/2.0/3.9/4.2/2.8/3.2

问题一：小电源未开机情况的电能损耗计算

对于小电源未开机的第一类运行工况，分别采用等效电阻法、前推回代法以及潮流法进行线损计算，计算分析的过程和结果如下。

（1）等效电阻法（各变压器节点电量未知）。对于采集条件有限的情况下，各配电变压器节点电量未知。可以假设所有配电变压器的负载系数一致，其电量正比于其变压器容量。因此，对于各配电变压器节点电量数据未知的情况，采用如下的公式计算线路等效电阻

$$R_{\mathrm{eqL}} = \frac{\sum\limits_{i=1}^{m} S_{(i)}^2 R_i}{(\sum S_{\mathrm{a}})^2}$$

式中　$S_{(i)}$——经第 $i$ 条线路送电的配电变压器额定容量之和；

$\sum S_{\mathrm{a}}$——配电网内所有配电变压器的额定容量之和；

$m$——系统内变压器的总台数。

计算图示配电网所有线路的等效电阻结果见表 4-16。

对于所有配电变压器，其等效电阻的计算公式如下：

$$R_{\mathrm{eqR}} = \frac{U^2 \sum P_{\mathrm{k}(j)}}{(\sum S_{\mathrm{a}})^2} \times 10^3$$

根据上式计算得到的配电变压器等效电阻见表 4-17。

表 4-16    10kV 城 1 号线路等效电阻（配电变压器电量未知）

| 首端编号 | 末端编号 | 线路电阻 $R_i(\Omega)$ | 配电变压器容量 $S_{(i)}(kVA)$ | 配电变压器容量 $\Sigma S_a(kVA)$ | 等效电阻 $R_{fj}(\Omega)$ |
|---|---|---|---|---|---|
| 13 | 1 | 0.287 5 | 556 | 556 | 0.287 5 |
| 1 | 2 | 0.150 0 | 493 | 556 | 0.117 9 |
| 2 | 3 | 0.216 0 | 250 | 556 | 0.043 7 |
| 3 | 4 | 0.256 5 | 150 | 556 | 0.018 7 |
| 4 | 5 | 0.170 1 | 150 | 556 | 0.012 4 |
| 5 | 6 | 0.191 4 | 50 | 556 | 0.001 5 |
| 6 | 7 | 0.231 0 | 50 | 556 | 0.001 9 |
| 5 | 12 | 0.400 2 | 100 | 556 | 0.012 9 |
| 2 | 8 | 0.207 9 | 243 | 556 | 0.039 7 |
| 8 | 9 | 0.207 9 | 163 | 556 | 0.017 9 |
| 9 | 10 | 0.340 4 | 63 | 556 | 0.004 4 |
| 9 | 11 | 0.216 2 | 100 | 556 | 0.007 0 |
| 所有线路等效电阻合计 $R_{eqL}(\Omega)$ | | | | | 0.565 5 |

表 4-17    10kV 城 1 号线路的配电变压器等效电阻
（配电变压器电量未知）

| 节点 | 型号 | 容量（kVA） | 短路损耗（kW） | 运行电压（kV） | 配电变压器容量 $\Sigma S_a(kVA)$ | 等效电阻 $R_{fj}(\Omega)$ |
|---|---|---|---|---|---|---|
| 1 | S9 | 63 | 1.09 | 10.5 | 556 | 0.388 7 |
| 3 | S11 | 100 | 1.58 | 10.5 | 556 | 0.563 5 |
| 7 | S9 | 50 | 0.90 | 10.5 | 556 | 0.321 0 |
| 8 | S11 | 80 | 1.31 | 10.5 | 556 | 0.467 2 |
| 10 | S11 | 63 | 1.04 | 10.5 | 556 | 0.370 9 |
| 11 | S9 | 50 | 0.90 | 10.5 | 556 | 0.321 0 |
| 11 | S9 | 50 | 0.90 | 10.5 | 556 | 0.321 0 |
| 12 | S13 | 100 | 1.50 | 11.5 | 557 | 0.535 0 |
| 所有配电变压器铜损等效电阻合计 $R_{eqR}(\Omega)$ | | | | | | 3.288 2 |

由上面计算可以得到配电网可变损耗等效电阻为线路等效损耗和变压器铜损等效电阻之和 $0.565\ 5\Omega+3.288\ 2\Omega=3.853\ 7\Omega$。

根据线路首端 24h 的注入电流值计算其形状系数为

$$k = \frac{\sqrt{\sum\limits_{i=1}^{24} I_i^2 / 24}}{\sum\limits_{i=1}^{24} I_i / 24} = 1.019\ 8$$

计算 10（20/6）kV 中压配电网线路损耗和变压器铜损

$$\Delta A_b = 3I_{av(0)}^2 k^2 R_{eq} t \times 10^{-3}$$

$$= 3 \times \left( \frac{\sqrt{5\ 725^2 + 4\ 070^2}}{\sqrt{3} \times 10.5 \times 24} \right)^2 \times 1.019\ 8^2 \times 3.853\ 7 \times 24 \times 10^{-3}$$

$$= 74.732\ 8\ (\text{kWh})$$

计算 10（20/6）kV 中变压器的铁损

$$\sum \Delta A_0 = \sum 变压器空载损耗 \times 24$$

$$= 33.360\ 0 (\text{kWh})$$

综上所述，该 10kV 电网总的损耗等于变压器铁损、铜损以及线路铜损之和，其结果为 108.092 8kWh，线路首端供电为 5 725kWh，该线路的线损率为 1.888%。

（2）等效电阻法（各变压器节点电量已知）。

随着采集信息化不断发展，能够实现对配电变压器电量等信息的集采。在各配电变压器电量已知的情况，配电网线路等效电阻的计算公式为

$$R_{eqL} = \frac{\sum\limits_{i=1}^{m} A_{(i)}^2 R_i}{(\sum A_a)^2}$$

式中　$m$——配电网线路段的数量；

　　$A_{(i)}$——流经第 $i$ 条线路段送电的负荷节点总有功电量；

　　$R_i$——第 $i$ 条线路段的电阻；

　　$\sum A_a$——配电网内所有负荷节点总有功电量。

计算图示配电网所有线路的等效电阻结果如表 4-18 所示。

表 4-18　　　10kV 城 1 号线路的等效电阻（配电变压器电量已知）

| 首端<br>编号 | 末端<br>编号 | 线路电阻<br>$R_i(\Omega)$ | 配电变压器电<br>量 $A_{(i)}$(kWh) | 配电变压器电量<br>$\Sigma A_a$(kWh) | 等效电阻<br>$R_{fj}(\Omega)$ |
|---|---|---|---|---|---|
| 13 | 1 | 0.287 5 | 5 533.78 | 5 533.78 | 0.287 5 |
| 1 | 2 | 0.150 0 | 4 908.75 | 5 533.78 | 0.118 0 |
| 2 | 3 | 0.216 0 | 2 484.66 | 5 533.78 | 0.043 5 |
| 3 | 4 | 0.256 5 | 1 583.35 | 5 533.78 | 0.021 0 |
| 4 | 5 | 0.170 1 | 1 583.35 | 5 533.78 | 0.013 9 |
| 5 | 6 | 0.191 4 | 496.42 | 5 533.78 | 0.001 5 |
| 6 | 7 | 0.231 0 | 496.42 | 5 533.78 | 0.001 9 |
| 5 | 12 | 0.400 2 | 1 086.93 | 5 533.78 | 0.015 4 |
| 2 | 8 | 0.207 9 | 2 424.09 | 5 533.78 | 0.039 9 |
| 8 | 9 | 0.207 9 | 1 630.68 | 5 533.78 | 0.018 1 |
| 9 | 10 | 0.340 4 | 625.00 | 5 533.78 | 0.004 3 |
| 9 | 11 | 0.216 2 | 1 005.68 | 5 533.78 | 0.007 1 |
| 所有线路等效电阻合计 $R_{eqL}(\Omega)$ | | | | | 0.572 3 |

对于所有配电变压器，其等效电阻的计算公式为

$$R_{eqR} = \frac{U^2}{(\Sigma A_a)^2} \Sigma \frac{P_{k(j)} A_{(j)}^2}{S_{(j)}^2} \times 10^3$$

根据上式计算得到的配电变压器等效电阻如表 4-19 所示。

表 4-19　　　10kV 城 1 号线路配电变压器等效电阻

（配电变压器电量已知）

| 节点 | 型号 | 容量<br>（kVA） | 短路损耗<br>（kW） | 运行电压<br>（kV） | 配电变压器<br>电量<br>$A_{(i)}$(kWh) | 配电变压器<br>电量<br>$\Sigma A_a$(kWh) | 等效电阻<br>$R_{fj}(\Omega)$ |
|---|---|---|---|---|---|---|---|
| 1 | S9 | 63 | 1.09 | 10.5 | 625.03 | 5 533.78 | 0.386 3 |
| 3 | S11 | 100 | 1.58 | 10.5 | 901.31 | 5 533.78 | 0.462 1 |
| 7 | S9 | 50 | 0.90 | 10.5 | 496.42 | 5 533.78 | 0.319 4 |
| 8 | S11 | 80 | 1.31 | 10.5 | 793.41 | 5 533.78 | 0.463 9 |

| 节点 | 型号 | 容量<br>(kVA) | 短路损耗<br>(kW) | 运行电压<br>(kV) | 配电变压器<br>电量<br>$A_{(i)}$(kWh) | 配电变压器电量<br>$\Sigma A_a$(kWh) | 等效电阻<br>$R_{ij}$(Ω) |
|---|---|---|---|---|---|---|---|
| 10 | S11 | 63 | 1.04 | 10.5 | 625.00 | 5 533.78 | 0.368 5 |
| 11 | S9 | 50 | 0.90 | 10.5 | 502.84 | 5 533.78 | 0.327 7 |
| 11 | S9 | 50 | 0.90 | 10.5 | 502.84 | 5 533.78 | 0.327 7 |
| 12 | S13 | 100 | 1.50 | 11.5 | 1 086.93 | 5 533.78 | 0.638 0 |
| 所有配电变压器铜损等效电阻合计 $R_{eqR}$(Ω) | | | | | | | 3.293 6 |

由上面计算可以得到配电网可变损耗等效电阻为线路等效损耗和变压器铜损等效电阻之和，即 0.572 3Ω+3.293 6Ω=3.865 9Ω。

根据线路首端 24h 的注入电流值计算其形状系数为

$$k = \frac{\sqrt{\sum\limits_{i=1}^{24} I_i^2 / 24}}{\sum\limits_{i=1}^{24} I_i / 24} = 1.019\ 8$$

计算 10（20/6）kV 中压配电网线路损耗和变压器铜损

$$\Delta A_b = 3 I_{av(0)}^2 k^2 R_{eq} t \times 10^{-3}$$

$$= 3 \times \left( \frac{\sqrt{5\ 725^2 + 4\ 070^2}}{\sqrt{3} \times 10.5 \times 24} \right)^2 \times 1.019\ 8^2 \times 3.865\ 9 \times 24 \times 10^{-3}$$

$$= 74.969\ 7 (kWh)$$

计算 10（20/6）kV 中变压器的铁损

$$\Sigma \Delta A_0 = \Sigma 变压器空载损耗 \times 24$$

$$= 33.360\ 0 (kWh)$$

综上所述，该 10kV 电网总的损耗为 108.329 7kWh，线路首端供电为 5 725kWh，该线路的线损率为 1.892%。

（3）前推回代法。采用前推回代法计算 10（20/6）kV 电网电能损耗的公式如下

$$\Delta A = \Sigma \Delta A_0 + \Sigma I_{is}^2 R_{is} t \times 10^{-3}$$

式中　$\Sigma\Delta A_0$——变压器铁芯损耗、计量装置等设备的损耗的固定损
　　　　　　　耗，考虑到设备运行电压基本维持在额定电压水平，
　　　　　　　忽略电压对该部分损耗的影响；

　　　　$I_{is}$——第 $i$ 个节点到第 $s$ 个节点支路的电流有效值；

　　　　$R_{is}$——第 $i$ 个节点到第 $s$ 个节点支路的电阻。

采用前推回代法进行电能损耗计算类似于潮流法中的电量法，其需要
根据各负荷的形状系数将配电变压器处的有功电量和无功电量拆分为
24h 的有功功率和无功功率。在无法获得各配电变压器处负荷形状系
数的情况下，可以假设所有配电变压器处的负荷形状系数与线路首端
相同，基于该假设利用线路首端形状系数将各配电变压器的电量拆分
为 24h 的有功和无功功率，拆分后的结果如表 4-20 和表 4-21 所示。

表 4-20　　　　　10kV 城 1 号线路配电变压器有功电量
细分结果表（运行工况一）

| 时间 | 节　　　点 | | | | | | | |
|------|------|------|------|------|------|------|------|------|
| | 1 | 3 | 7 | 12 | 8 | 11 | 11 | 10 |
| 1 时 | 16.43 | 23.69 | 13.05 | 28.58 | 20.86 | 13.22 | 13.22 | 16.43 |
| 2 时 | 17.90 | 25.80 | 14.21 | 31.12 | 22.72 | 14.40 | 14.40 | 17.89 |
| 3 时 | 21.15 | 30.49 | 16.80 | 36.78 | 26.85 | 17.01 | 17.01 | 21.15 |
| 4 时 | 19.52 | 28.15 | 15.51 | 33.95 | 24.78 | 15.71 | 15.71 | 19.52 |
| 5 时 | 21.15 | 30.49 | 16.80 | 36.78 | 26.85 | 17.01 | 17.01 | 21.15 |
| 6 时 | 21.15 | 30.49 | 16.80 | 36.78 | 26.85 | 17.01 | 17.01 | 21.15 |
| 7 时 | 22.12 | 31.90 | 17.57 | 38.48 | 28.09 | 17.80 | 17.80 | 22.12 |
| 8 时 | 20.66 | 29.79 | 16.41 | 35.92 | 26.23 | 16.62 | 16.62 | 20.66 |
| 9 时 | 25.70 | 37.07 | 20.41 | 44.70 | 32.63 | 20.68 | 20.68 | 25.70 |
| 10 时 | 29.12 | 42.00 | 23.13 | 50.64 | 36.97 | 23.43 | 23.43 | 29.12 |
| 11 时 | 30.42 | 43.87 | 24.16 | 52.90 | 38.62 | 24.47 | 24.47 | 30.42 |
| 12 时 | 31.72 | 45.74 | 25.20 | 55.17 | 40.27 | 25.52 | 25.52 | 31.72 |
| 13 时 | 32.54 | 46.92 | 25.84 | 56.59 | 41.30 | 26.18 | 26.18 | 32.54 |
| 14 时 | 37.42 | 53.95 | 29.72 | 65.07 | 47.50 | 30.10 | 30.10 | 37.42 |

| 时间 | 节　　　点 | | | | | | | |
|---|---|---|---|---|---|---|---|---|
| | 1 | 3 | 7 | 12 | 8 | 11 | 11 | 10 |
| 15 时 | 27.66 | 39.88 | 21.97 | 48.09 | 35.11 | 22.25 | 22.25 | 27.65 |
| 16 时 | 31.72 | 45.74 | 25.20 | 55.17 | 40.27 | 25.52 | 25.52 | 31.72 |
| 17 时 | 30.42 | 43.87 | 24.16 | 52.90 | 38.62 | 24.47 | 24.47 | 30.42 |
| 18 时 | 23.26 | 33.55 | 18.48 | 40.46 | 29.53 | 18.72 | 18.72 | 23.26 |
| 19 时 | 29.12 | 42.00 | 23.13 | 50.64 | 36.97 | 23.43 | 23.43 | 29.12 |
| 20 时 | 24.40 | 35.19 | 19.38 | 42.43 | 30.98 | 19.63 | 19.63 | 24.40 |
| 21 时 | 28.96 | 41.76 | 23.00 | 50.36 | 36.76 | 23.30 | 23.30 | 28.96 |
| 22 时 | 27.49 | 39.65 | 21.84 | 47.81 | 34.90 | 22.12 | 22.12 | 27.49 |
| 23 时 | 29.93 | 43.17 | 23.77 | 52.05 | 38.00 | 24.08 | 24.08 | 29.93 |
| 24 时 | 25.05 | 36.12 | 19.90 | 43.57 | 31.80 | 20.16 | 20.16 | 25.05 |

表 4-21　　　10kV 城 1 号线路配电变压器无功电量
细分结果表（运行工况二）

| 时间 | 节　　　点 | | | | | | | |
|---|---|---|---|---|---|---|---|---|
| | 1 | 3 | 7 | 12 | 8 | 11 | 11 | 10 |
| 1 时 | 11.68 | 18.53 | 9.28 | 18.63 | 14.83 | 9.40 | 9.40 | 11.68 |
| 2 时 | 12.72 | 20.18 | 10.10 | 20.29 | 16.15 | 10.23 | 10.23 | 12.72 |
| 3 时 | 15.04 | 23.85 | 11.94 | 23.98 | 19.09 | 12.10 | 12.10 | 15.03 |
| 4 时 | 13.88 | 22.01 | 11.02 | 22.14 | 17.62 | 11.17 | 11.17 | 13.88 |
| 5 时 | 15.04 | 23.85 | 11.94 | 23.98 | 19.09 | 12.10 | 12.10 | 15.03 |
| 6 时 | 15.04 | 23.85 | 11.94 | 23.98 | 19.09 | 12.10 | 12.10 | 15.03 |
| 7 时 | 15.73 | 24.95 | 12.49 | 25.09 | 19.97 | 12.65 | 12.65 | 15.73 |
| 8 时 | 14.69 | 23.30 | 11.67 | 23.43 | 18.65 | 11.82 | 11.82 | 14.69 |
| 9 时 | 18.27 | 28.98 | 14.51 | 29.15 | 23.20 | 14.70 | 14.70 | 18.27 |
| 10 时 | 20.70 | 32.83 | 16.44 | 33.02 | 26.28 | 16.65 | 16.65 | 20.70 |
| 11 时 | 21.63 | 34.30 | 17.18 | 34.50 | 27.45 | 17.40 | 17.40 | 21.63 |
| 12 时 | 22.55 | 35.77 | 17.91 | 35.97 | 28.63 | 18.14 | 18.14 | 22.55 |

续表

| 时间 | 节　点 | | | | | | | |
|------|------|------|------|------|------|------|------|------|
| | 1 | 3 | 7 | 12 | 8 | 11 | 11 | 10 |
| 13 时 | 23.13 | 36.69 | 18.37 | 36.89 | 29.36 | 18.61 | 18.61 | 23.13 |
| 14 时 | 26.60 | 42.19 | 21.13 | 42.43 | 33.77 | 21.40 | 21.40 | 26.60 |
| 15 时 | 19.66 | 31.18 | 15.62 | 31.36 | 24.96 | 15.82 | 15.82 | 19.66 |
| 16 时 | 22.55 | 35.77 | 17.91 | 35.97 | 28.63 | 18.14 | 18.14 | 22.55 |
| 17 时 | 21.63 | 34.30 | 17.18 | 34.50 | 27.45 | 17.40 | 17.40 | 21.63 |
| 18 时 | 16.54 | 26.23 | 13.14 | 26.38 | 20.99 | 13.31 | 13.31 | 16.54 |
| 19 时 | 20.70 | 32.83 | 16.44 | 33.02 | 26.28 | 16.65 | 16.65 | 20.70 |
| 20 时 | 17.35 | 27.51 | 13.78 | 27.67 | 22.02 | 13.96 | 13.96 | 17.35 |
| 21 时 | 20.59 | 32.65 | 16.35 | 32.84 | 26.13 | 16.56 | 16.56 | 20.59 |
| 22 时 | 19.55 | 31.00 | 15.52 | 31.18 | 24.81 | 15.72 | 15.72 | 19.54 |
| 23 时 | 21.28 | 33.75 | 16.90 | 33.94 | 27.01 | 17.12 | 17.12 | 21.28 |
| 24 时 | 17.81 | 28.25 | 14.15 | 28.41 | 22.61 | 14.33 | 14.33 | 17.81 |

根据表 4-20 和表 4-21 所提供的各配电变压器节点的分时有功、无功功率，分别建立各个时段的前推回代模型，求解得到各条线路的电流情况，利用算式求取系统各个时段的损耗如表 4-22 所示，其中第一项为系统变压器铁损等固定损耗，第二项为线路损耗和变压器铜损等可变损耗。由表 4-22 可知：采用前推回代法计算得到的变压器铁芯损耗为 33.360 0kWh，线路损耗和变压器铜损为 75.443 2kWh，总计损耗为 108.803 2kWh。系统总的供电量为 5 725kWh，总体损耗率为 1.900%。

表 4-22　　　　前推回代法计算结果表（运行工况一）　　　　（kWh）

| 时间 | 固定损耗 | 可变损耗 | 合计损耗 |
|------|----------|----------|----------|
| 1 时 | 1.390 0 | 1.177 2 | 2.567 2 |
| 2 时 | 1.390 0 | 1.400 1 | 2.790 1 |
| 3 时 | 1.390 0 | 1.967 4 | 3.357 4 |

续表

| 时间 | 固定损耗 | 可变损耗 | 合计损耗 |
|------|----------|----------|----------|
| 4 时 | 1.390 0 | 1.671 3 | 3.061 3 |
| 5 时 | 1.390 0 | 1.967 4 | 3.357 4 |
| 6 时 | 1.390 0 | 1.967 4 | 3.357 4 |
| 7 时 | 1.390 0 | 2.157 1 | 3.547 1 |
| 8 时 | 1.390 0 | 1.875 9 | 3.265 9 |
| 9 时 | 1.390 0 | 2.931 0 | 4.321 0 |
| 10 时 | 1.390 0 | 3.786 4 | 5.176 4 |
| 11 时 | 1.390 0 | 4.142 8 | 5.532 8 |
| 12 时 | 1.390 0 | 4.516 1 | 5.906 1 |
| 13 时 | 1.390 0 | 4.758 1 | 6.148 1 |
| 14 时 | 1.390 0 | 6.352 8 | 7.742 8 |
| 15 时 | 1.390 0 | 3.405 7 | 4.795 7 |
| 16 时 | 1.390 0 | 4.516 1 | 5.906 1 |
| 17 时 | 1.390 0 | 4.142 8 | 5.532 8 |
| 18 时 | 1.390 0 | 2.389 9 | 3.779 9 |
| 19 时 | 1.390 0 | 3.786 4 | 5.176 4 |
| 20 时 | 1.390 0 | 2.635 3 | 4.025 3 |
| 21 时 | 1.390 0 | 3.743 1 | 5.133 1 |
| 22 时 | 1.390 0 | 3.364 7 | 4.754 7 |
| 23 时 | 1.390 0 | 4.007 2 | 5.397 2 |
| 24 时 | 1.390 0 | 2.781 1 | 4.171 1 |
| 合计 | 33.360 0 | 75.443 2 | 108.803 2 |

（4）潮流法。采用表 4-20 和表 4-21 中的有功功率和无功功率，结合 4.1 章节中的潮流法，对图 4-6 所示电力系统的 24 个时段分别进行潮流计算，计算结果如表 4-23 所示。由表 4-23 可知，该线路总损耗为 109.494 5kWh，供电量为 5 725kWh，损耗率为 1.91%。

表 4-23　　　　　　　潮流法计算结果表（运行工况一）　　　　（kWh）

| 时间 | 固定损耗 | 可变损耗 | 合计损耗 |
|------|---------|---------|---------|
| 1 时 | 1.390 0 | 1.195 2 | 2.585 2 |
| 2 时 | 1.390 0 | 1.419 7 | 2.809 7 |
| 3 时 | 1.390 0 | 1.990 5 | 3.380 5 |
| 4 时 | 1.390 0 | 1.692 6 | 3.082 6 |
| 5 时 | 1.390 0 | 1.990 5 | 3.380 5 |
| 6 时 | 1.390 0 | 1.990 5 | 3.380 5 |
| 7 时 | 1.390 0 | 2.181 3 | 3.571 3 |
| 8 时 | 1.390 0 | 1.898 5 | 3.288 5 |
| 9 时 | 1.390 0 | 2.959 4 | 4.349 4 |
| 10 时 | 1.390 0 | 3.818 7 | 5.208 7 |
| 11 时 | 1.390 0 | 4.176 6 | 5.566 6 |
| 12 时 | 1.390 0 | 4.551 4 | 5.941 4 |
| 13 时 | 1.390 0 | 4.794 4 | 6.184 4 |
| 14 时 | 1.390 0 | 6.395 0 | 7.785 0 |
| 15 时 | 1.390 0 | 3.436 3 | 4.826 3 |
| 16 时 | 1.390 0 | 4.551 4 | 5.941 4 |
| 17 时 | 1.390 0 | 4.176 6 | 5.566 6 |
| 18 时 | 1.390 0 | 2.415 5 | 3.805 5 |
| 19 时 | 1.390 0 | 3.818 7 | 5.208 7 |
| 20 时 | 1.390 0 | 2.662 1 | 4.052 1 |
| 21 时 | 1.390 0 | 3.775 2 | 5.165 2 |
| 22 时 | 1.390 0 | 3.395 1 | 4.785 1 |
| 23 时 | 1.390 0 | 4.040 4 | 5.430 4 |
| 24 时 | 1.390 0 | 2.808 7 | 4.198 7 |
| 合计 | 33.360 0 | 76.134 5 | 109.494 5 |

（5）计算结果分析。对上述 4 种方法计算得到的线路损耗结果归纳整理，得到如表 4-24 所示的结果。由表 4-24 可知：由于各配电变

压器的负载系数几乎相同，采用等效电阻法（电量未知）和等效电阻法（电量已知）计算得到的系统损耗结果几乎一致。如果各配电变压器的负载系数差异较大，也就是其电量与其容量之间的比例系数存在较大差异时，这两种方法的计算结果将差别较大。

采用前推回代法计算该系统的损耗情况时，由于各配电变压器处电量的功率因素与首端是保持一致，且各配电变压器负荷的形状系数与首端也是一样的，所以计算得到的线路总体损耗值与等效电阻法接近。如果上述计算数据不满足上述两个条件，其计算结果将会差别较大。

虽然潮流法与前推回代法基于的数据一样，但是潮流法将各配电变压器的空载损耗和励磁无功建模进入了潮流方程中，使得系统线路损耗和变压器铜损有所增加，系统的整体损耗现对于前三种方法有一定增加，损耗率增加了 0.013 个百分点。整体而言，上述几种方法计算得到的损耗结果是保持一致的。

表 4-24        10kV 城 1 号线路损耗计算结果汇总表

（运行工况一不带小电源）

| 计算方法 | 供电量（kWh） | 损耗电量（kWh） | 损耗率（%） |
|---|---|---|---|
| 等效电阻法（电量未知） | 108.093 | 5 725.000 | 1.888 |
| 等效电阻法（电量已知） | 108.330 | 5 725.000 | 1.892 |
| 前推回代法 | 108.803 | 5 725.000 | 1.900 |
| 潮流法 | 109.495 | 5 725.000 | 1.913 |

问题二：小电源开机情况的电能损耗计算

对于小电源开机的第二类运行工况，分别采用等效容（电）量法、前推回代法以及潮流法进行线损计算，计算分析的过程和结果如下：

（1）等效容量法。小电源等效容量的计算公式为

$$S_{si(n)} = \pm\sqrt{3}I_{rmsi(n)}U_{si(n)}$$

式中　$S_{si(n)}$——计算时段 $T_{(n)}$ 内第 $i$ 个小电源的等效容量。

本算例中小电源一直保持功率外送，可以将全天作为一个计算时

段。该时段内小电源的等效容量根据上式计算为 55.208 7kVA。将该小电源视为−55.208 7kVA 的配电变压器，采用下式计算系统的等效电阻

$$R_{eqL} = \frac{\sum_{i=1}^{m} S_{(i)}^2 R_i}{(\sum S_a)^2}$$

式中　$S_{(i)}$——经第 $i$ 条线路送电的配电变压器额定容量之和；

$\sum S_a$——配电网内所有配电变压器的额定容量之和；

$m$——系统内变压器的总台数。计算得到配电网所有线路的等效电阻结果如表 4-25 所示。

表 4-25　　　　10kV 城 1 号线路等效电阻（等效容量法）

| 首端编号 | 末端编号 | 线路电阻 $R_i(\Omega)$ | 配电变压器容量 $S_{(i)}$(kVA) | 配电变压器容量 $\sum S_a$(kVA) | 等效电阻 $R_{fi}(\Omega)$ |
|---|---|---|---|---|---|
| 13 | 1 | 0.287 5 | 500.791 3 | 500.791 3 | 0.287 5 |
| 1 | 2 | 0.150 0 | 437.791 3 | 500.791 3 | 0.114 6 |
| 2 | 3 | 0.216 0 | 250.000 0 | 500.791 3 | 0.053 8 |
| 3 | 4 | 0.256 5 | 150.000 0 | 500.791 3 | 0.023 0 |
| 4 | 5 | 0.170 1 | 150.000 0 | 500.791 3 | 0.015 3 |
| 5 | 6 | 0.191 4 | 50.000 0 | 500.791 3 | 0.001 9 |
| 6 | 7 | 0.231 0 | 50.000 0 | 500.791 3 | 0.002 3 |
| 5 | 12 | 0.400 2 | 100.000 0 | 500.791 3 | 0.016 0 |
| 2 | 8 | 0.207 9 | 187.791 3 | 500.791 3 | 0.029 2 |
| 8 | 9 | 0.207 9 | 107.791 3 | 500.791 3 | 0.009 6 |
| 9 | 10 | 0.340 4 | 63.000 0 | 500.791 3 | 0.005 4 |
| 9 | 11 | 0.216 2 | 100.000 0 | 500.791 3 | 0.008 6 |
| 所有线路等效电阻合计 $R_{eqL}(\Omega)$ | | | | | 0.567 3 |

对于所有配电变压器，其等效电阻的计算公式为

$$R_{eqR} = \frac{U^2 \sum P_{k(j)}}{(\sum S_a)^2} \times 10^3$$

根据上式计算得到的配电变压器等效电阻如表 4-26 所示。

表 4-26    10kV 城 1 号线路配电变压器等效电阻（等效容量法）

| 节点 | 型号 | 容量<br>（kVA） | 短路损耗<br>（kW） | 运行电压<br>（kV） | 配电变压器容量<br>$\Sigma S_a$(kVA) | 等效电阻<br>$R_{fj}$(Ω) |
|------|------|------|------|------|------|------|
| 1 | S9 | 63 | 1.09 | 10.5 | 500.791 3 | 0.479 2 |
| 3 | S11 | 100 | 1.58 | 10.5 | 500.791 3 | 0.694 6 |
| 7 | S9 | 50 | 0.90 | 10.5 | 500.791 3 | 0.395 6 |
| 8 | S11 | 80 | 1.31 | 10.5 | 500.791 3 | 0.575 9 |
| 10 | S11 | 63 | 1.04 | 10.5 | 500.791 3 | 0.457 2 |
| 11 | S9 | 50 | 0.90 | 10.5 | 500.791 3 | 0.395 6 |
| 11 | S9 | 50 | 0.90 | 10.5 | 500.791 3 | 0.395 6 |
| 12 | S13 | 100 | 1.50 | 10.5 | 500.791 3 | 0.659 4 |
| 所有配电变压器铜损等效电阻合计 $R_{eqR}$ (Ω) | | | | | | 4.053 2 |

由上面计算可以得到配电网可变损耗等效电阻为线路等效损耗和变压器铜损等效电阻之和，即 0.567 3+4.053 2=4.620 5（Ω）。

根据线路首端 24h 的注入电流值计算其形状系数为

$$k = \frac{\sqrt{\sum\limits_{i=1}^{24} I_i^2 / 24}}{\sum\limits_{i=1}^{24} I_i / 24} = 1.019\ 8$$

计算 10（20/6）kV 中压配电网线路损耗和变压器铜损为

$$\Delta A_b = 3 I_{av(0)}^2 k^2 R_{eq} t \times 10^{-3}$$

$$= 3 \times \left( \frac{\sqrt{4\ 625^2 + 3\ 288^2}}{\sqrt{3} \times 10.5 \times 24} \right)^2 \times 1.019\ 8^2 \times 4.620\ 5 \times 24 \times 10^{-3}$$

$$= 58.474\ 6(kWh)$$

计算 10（20/6）kV 中变压器的铁损

$$\sum \Delta A_0 = \sum 变压器空载损耗 \times 24$$

$$= 33.360\ 0(kWh)$$

综上所述，该 10kV 电网总的损耗为 91.834 6kWh，线路首端供电为 4 625kWh、小电源供电量 1 093kWh，线路总供电量 5 718kWh，该线路的线损率为 1.606%。

（2）等效电量法。将小电源视为电量为−1 093kWh 的配电变压器，根据下式求取配电网线路等效电阻

$$R_{\mathrm{eqL}} = \frac{\sum\limits_{i=1}^{m} A_{(i)}^2 R_i}{\left(\sum A_{\mathrm{a}}\right)^2}$$

式中　$m$ ——配电网线路段的数量；

　　　$A_{(i)}$ ——流经第 $i$ 条线路段送电的负荷节点总有功电量；

　　　$R_i$ ——第 $i$ 条线路段的电阻；

　　　$\sum A_{\mathrm{a}}$ ——配电网内所有负荷节点总有功电量。计算配电线路的等

　　　　　　效电阻结果如表 4-27 所示。

表 4-27　　　　10kV 城 1 号线路等效电阻（等效电量法）

| 首端编号 | 末端编号 | 线路电阻 $R_i(\Omega)$ | 配电变压器电量 $A_{(i)}$(kWh) | 配电变压器电量 $\sum A_{\mathrm{a}}$(kWh) | 等效电阻 $R_{fi}(\Omega)$ |
|---|---|---|---|---|---|
| 13 | 1 | 0.287 5 | 4 440.78 | 4 440.78 | 0.287 5 |
| 1 | 2 | 0.150 0 | 3 815.75 | 4 440.78 | 0.110 7 |
| 2 | 3 | 0.216 0 | 2 484.66 | 4 440.78 | 0.067 6 |
| 3 | 4 | 0.256 5 | 1 583.35 | 4 440.78 | 0.032 6 |
| 4 | 5 | 0.170 1 | 1 583.35 | 4 440.78 | 0.021 6 |
| 5 | 6 | 0.191 4 | 496.42 | 4 440.78 | 0.002 4 |
| 6 | 7 | 0.231 0 | 496.42 | 4 440.78 | 0.002 9 |
| 5 | 12 | 0.400 2 | 1 086.93 | 4 440.78 | 0.024 0 |
| 2 | 8 | 0.207 9 | 1 331.09 | 4 440.78 | 0.018 7 |
| 8 | 9 | 0.207 9 | 537.68 | 4 440.78 | 0.003 0 |
| 9 | 10 | 0.340 4 | 625 | 4 440.78 | 0.006 7 |
| 9 | 11 | 0.216 2 | 1 005.68 | 4 440.78 | 0.011 1 |
| 所有线路等效电阻合计 $R_{\mathrm{eqL}}(\Omega)$ | | | | | 0.588 9 |

对于所有配电变压器，其等效电阻的计算公式如下：

$$R_{\mathrm{eqR}} = \frac{U^2}{\left(\sum A_{\mathrm{a}}\right)^2} \sum \frac{P_{\mathrm{k}(j)} A_{(j)}^2}{S_{(j)}^2} \times 10^3$$

根据上式计算得到的配电变压器等效电阻如表 4-28 所示。

表 4-28　　　　　　　10kV 城 1 号线路配电变压器

等效电阻（等效电量法）

| 节点 | 型号 | 容量<br>（kVA） | 短路损耗<br>（kW） | 运行电压<br>（kV） | 配电变压器电量<br>$A_{(i)}$(kWh) | 配电变压器电量<br>$\sum A_a$(kWh) | 等效电阻<br>$R_{fj}$(Ω) |
|---|---|---|---|---|---|---|---|
| 1 | S9 | 63 | 1.09 | 10.5 | 625.03 | 4 440.78 | 0.599 8 |
| 3 | S11 | 100 | 1.58 | 10.5 | 901.31 | 4 440.78 | 0.717 6 |
| 7 | S9 | 50 | 0.9 | 10.5 | 496.42 | 4 440.78 | 0.496 0 |
| 8 | S11 | 80 | 1.31 | 10.5 | 793.41 | 4 440.78 | 0.720 4 |
| 10 | S11 | 63 | 1.04 | 10.5 | 625 | 4 440.78 | 0.572 2 |
| 11 | S9 | 50 | 0.9 | 10.5 | 502.84 | 4 440.78 | 0.508 9 |
| 11 | S9 | 50 | 0.9 | 10.5 | 502.84 | 4 440.78 | 0.508 9 |
| 12 | S13 | 100 | 1.5 | 10.5 | 1 086.93 | 4 440.78 | 0.990 7 |
| 所有配电变压器铜损等效电阻合计 $R_{eqR}$(Ω) | | | | | | | 5.114 4 |

由上面计算可以得到配电网可变损耗等效电阻为线路等效损耗和变压器铜损等效电阻之和 0.588 9+5.114 4=5.703 4（Ω）。

根据线路首端 24h 的注入电流值计算其形状系数为

$$k = \frac{\sqrt{\sum_{i=1}^{24} I_i^2 / 24}}{\sum_{i=1}^{24} I_i / 24} = 1.019\ 8$$

计算 10（20/6）kV 中压配电网线路损耗和变压器铜损为

$$\Delta A_b = 3 I_{av(0)}^2 k^2 R_{eq} t \times 10^{-3}$$

$$= 3 \times \left( \frac{\sqrt{4\ 625^2 + 3\ 288^2}}{\sqrt{3} \times 10.5 \times 24} \right)^2 \times 1.019\ 8^2 \times 5.703\ 4 \times 24 \times 10^{-3}$$

$$= 72.183\ 8(kWh)$$

计算 10（20/6）kV 中变压器的铁损

$$\sum \Delta A_0 = \sum 变压器空载损耗 \times 24$$

$$= 33.360\ 0(kWh)$$

综上所述，该 10kV 电网总的损耗为 105.543 8kWh，线路首端供电为 4 625kWh，小电源供电量 1 093kWh，线路总供电量 5 718kWh，该线路的线损率为 1.846%。

（3）前推回代发。利用线路首端形状系数将各配电变压器的电量拆分为 24h 的有功功率和无功功率，利用小电源功率形状系数将其电量拆分为 24h 的有功功率和无功功率。拆分后的结果如表 4-29 和表 4-30 所示。

表 4-29　　　　10kV 城 1 号线路配电变压器有功电量
细分结果表（运行工况二）

| 时间 | 节 点 | | | | | | | | |
|---|---|---|---|---|---|---|---|---|---|
| | 1 | 3 | 7 | 12 | 8 | 9 | 11 | 11 | 10 |
| 1 时 | 16.47 | 23.76 | 13.08 | 28.65 | 20.91 | −40.48 | 13.25 | 13.25 | 16.47 |
| 2 时 | 17.90 | 25.81 | 14.22 | 31.13 | 22.72 | −45.54 | 14.40 | 14.40 | 17.90 |
| 3 时 | 21.15 | 30.50 | 16.80 | 36.79 | 26.85 | −40.48 | 17.02 | 17.02 | 21.15 |
| 4 时 | 19.53 | 28.16 | 15.51 | 33.95 | 24.79 | −35.42 | 15.71 | 15.71 | 19.52 |
| 5 时 | 21.15 | 30.50 | 16.80 | 36.79 | 26.85 | −33.73 | 17.02 | 17.02 | 21.15 |
| 6 时 | 21.15 | 30.50 | 16.80 | 36.79 | 26.85 | −38.79 | 17.02 | 17.02 | 21.15 |
| 7 时 | 22.17 | 31.97 | 17.61 | 38.55 | 28.14 | −45.54 | 17.84 | 17.84 | 22.17 |
| 8 时 | 20.75 | 29.91 | 16.48 | 36.08 | 26.34 | −50.60 | 16.69 | 16.69 | 20.75 |
| 9 时 | 25.63 | 36.96 | 20.35 | 44.57 | 32.53 | −32.05 | 20.62 | 20.62 | 25.63 |
| 10 时 | 29.09 | 41.94 | 23.10 | 50.58 | 36.92 | −35.42 | 23.40 | 23.40 | 29.08 |
| 11 时 | 30.51 | 44.00 | 24.23 | 53.05 | 38.73 | −38.79 | 24.54 | 24.54 | 30.51 |
| 12 时 | 31.73 | 45.75 | 25.20 | 55.18 | 40.28 | −40.48 | 25.53 | 25.53 | 31.73 |
| 13 时 | 32.54 | 46.92 | 25.85 | 56.60 | 41.31 | −45.54 | 26.18 | 26.18 | 32.54 |
| 14 时 | 37.42 | 53.97 | 29.72 | 65.08 | 47.51 | −47.23 | 30.11 | 30.11 | 37.42 |
| 15 时 | 27.66 | 39.89 | 21.97 | 48.10 | 35.11 | −38.79 | 22.25 | 22.25 | 27.66 |
| 16 时 | 31.73 | 45.75 | 25.20 | 55.18 | 40.28 | −42.17 | 25.53 | 25.53 | 31.73 |
| 17 时 | 30.51 | 44.00 | 24.23 | 53.05 | 38.73 | −42.17 | 24.54 | 24.54 | 30.51 |
| 18 时 | 23.19 | 33.43 | 18.42 | 40.32 | 29.43 | −40.48 | 18.65 | 18.65 | 23.19 |
| 19 时 | 29.09 | 41.94 | 23.10 | 50.58 | 36.92 | −33.73 | 23.40 | 23.40 | 29.08 |

续表

| 时间 | 节点 | | | | | | | | |
|------|------|------|------|------|------|------|------|------|------|
| | 1 | 3 | 7 | 12 | 8 | 9 | 11 | 11 | 10 |
| 20 时 | 24.41 | 35.20 | 19.39 | 42.44 | 30.98 | −33.73 | 19.64 | 19.64 | 24.41 |
| 21 时 | 28.88 | 41.65 | 22.94 | 50.23 | 36.66 | −65.78 | 23.24 | 23.24 | 28.88 |
| 22 时 | 27.46 | 39.60 | 21.81 | 47.75 | 34.86 | −70.84 | 22.09 | 22.09 | 27.46 |
| 23 时 | 29.90 | 43.11 | 23.75 | 52.00 | 37.95 | −47.23 | 24.05 | 24.05 | 29.90 |
| 24 时 | 25.02 | 36.08 | 19.87 | 43.50 | 31.76 | −53.97 | 20.13 | 20.13 | 25.02 |

表 4-30　　　10kV 城 1 号线路配电变压器无功电量

细分结果表（运行工况二）

| 时间 | 节点 | | | | | | | | |
|------|------|------|------|------|------|------|------|------|------|
| | 1 | 3 | 7 | 12 | 8 | 9 | 11 | 11 | 10 |
| 1 时 | 11.71 | 18.58 | 9.30 | 18.68 | 14.87 | −29.18 | 9.42 | 9.42 | 11.71 |
| 2 时 | 12.72 | 20.18 | 10.11 | 20.30 | 16.15 | −32.83 | 10.24 | 10.24 | 12.72 |
| 3 时 | 15.04 | 23.85 | 11.94 | 23.99 | 19.09 | −29.18 | 12.10 | 12.10 | 15.04 |
| 4 时 | 13.88 | 22.02 | 11.02 | 22.14 | 17.62 | −25.53 | 11.17 | 11.17 | 13.88 |
| 5 时 | 15.04 | 23.85 | 11.94 | 23.99 | 19.09 | −24.32 | 12.10 | 12.10 | 15.04 |
| 6 时 | 15.04 | 23.85 | 11.94 | 23.99 | 19.09 | −27.97 | 12.10 | 12.10 | 15.04 |
| 7 时 | 15.76 | 25.00 | 12.52 | 25.14 | 20.01 | −32.83 | 12.68 | 12.68 | 15.76 |
| 8 时 | 14.75 | 23.39 | 11.71 | 23.52 | 18.72 | −36.48 | 11.87 | 11.87 | 14.75 |
| 9 时 | 18.22 | 28.90 | 14.47 | 29.06 | 23.13 | −23.10 | 14.66 | 14.66 | 18.22 |
| 10 时 | 20.68 | 32.79 | 16.42 | 32.98 | 26.25 | −25.53 | 16.64 | 16.64 | 20.68 |
| 11 时 | 21.69 | 34.40 | 17.23 | 34.60 | 27.53 | −27.97 | 17.45 | 17.45 | 21.69 |
| 12 时 | 22.56 | 35.78 | 17.92 | 35.98 | 28.63 | −29.18 | 18.15 | 18.15 | 22.56 |
| 13 时 | 23.14 | 36.69 | 18.37 | 36.90 | 29.37 | −32.83 | 18.61 | 18.61 | 23.13 |
| 14 时 | 26.61 | 42.20 | 21.13 | 42.44 | 33.77 | −34.05 | 21.40 | 21.40 | 26.60 |
| 15 时 | 19.67 | 31.19 | 15.62 | 31.37 | 24.96 | −27.97 | 15.82 | 15.82 | 19.66 |
| 16 时 | 22.56 | 35.78 | 17.92 | 35.98 | 28.63 | −30.40 | 18.15 | 18.15 | 22.56 |
| 17 时 | 21.69 | 34.40 | 17.23 | 34.60 | 27.53 | −30.40 | 17.45 | 17.45 | 21.69 |

续表

| 时间 | 节　点 | | | | | | | | |
|---|---|---|---|---|---|---|---|---|---|
| | 1 | 3 | 7 | 12 | 8 | 9 | 11 | 11 | 10 |
| 18 时 | 16.48 | 26.14 | 13.09 | 26.29 | 20.92 | −29.18 | 13.26 | 13.26 | 16.48 |
| 19 时 | 20.68 | 32.79 | 16.42 | 32.98 | 26.25 | −24.32 | 16.64 | 16.64 | 20.68 |
| 20 时 | 17.35 | 27.52 | 13.78 | 27.68 | 22.03 | −24.32 | 13.96 | 13.96 | 17.35 |
| 21 时 | 20.53 | 32.57 | 16.31 | 32.75 | 26.06 | −47.42 | 16.52 | 16.52 | 20.53 |
| 22 时 | 19.52 | 30.96 | 15.50 | 31.14 | 24.78 | −51.07 | 15.70 | 15.70 | 19.52 |
| 23 时 | 21.26 | 33.71 | 16.88 | 33.90 | 26.98 | −34.05 | 17.10 | 17.10 | 21.25 |
| 24 时 | 17.79 | 28.21 | 14.13 | 28.37 | 22.58 | −38.91 | 14.31 | 14.31 | 17.78 |

根据表 4-29 和表 4-30 所提供的各配电变压器节点的分时有功、无功功率，分别建立各个时段的前推回代模型，求解得到各条线路的电流情况，利用公式求取系统各个时段的损耗如表 4-31 所示，其中第一项为系统变压器铁损等固定损耗，第二项为线路损耗和变压器铜损等可变损耗。由表 4-31 可知：采用前推回代法计算得到的变压器铁芯损耗为 33.360 0kWh，线路损耗和变压器铜损为 71.834 9kWh，总计损耗为 105.194 9kWh。系统总的供电量为 5 718kWh，总体损耗率为 1.840%。

表 4-31　　　前推回代法计算结果表（运行工况二）　　　（kWh）

| 时间 | 固定损耗 | 可变损耗 | 合计损耗 |
|---|---|---|---|
| 1 时 | 1.390 0 | 1.103 6 | 2.493 6 |
| 2 时 | 1.390 0 | 1.303 5 | 2.693 5 |
| 3 时 | 1.390 0 | 1.858 4 | 3.248 4 |
| 4 时 | 1.390 0 | 1.582 7 | 2.972 7 |
| 5 时 | 1.390 0 | 1.873 8 | 3.263 8 |
| 6 时 | 1.390 0 | 1.862 1 | 3.252 1 |
| 7 时 | 1.390 0 | 2.038 2 | 3.428 2 |
| 8 时 | 1.390 0 | 1.764 3 | 3.154 3 |

续表

| 时间 | 固定损耗 | 可变损耗 | 合计损耗 |
|---|---|---|---|
| 9 时 | 1.390 0 | 2.800 0 | 4.190 0 |
| 10 时 | 1.390 0 | 3.633 6 | 5.023 6 |
| 11 时 | 1.390 0 | 4.002 7 | 5.392 7 |
| 12 时 | 1.390 0 | 4.338 9 | 5.728 9 |
| 13 时 | 1.390 0 | 4.555 5 | 5.945 5 |
| 14 时 | 1.390 0 | 6.105 7 | 7.495 7 |
| 15 时 | 1.390 0 | 3.260 6 | 4.650 6 |
| 16 时 | 1.390 0 | 4.332 4 | 5.722 4 |
| 17 时 | 1.390 0 | 3.990 2 | 5.380 2 |
| 18 时 | 1.390 0 | 2.251 0 | 3.641 0 |
| 19 时 | 1.390 0 | 3.639 7 | 5.029 7 |
| 20 时 | 1.390 0 | 2.524 5 | 3.914 5 |
| 21 时 | 1.390 0 | 3.484 2 | 4.874 2 |
| 22 时 | 1.390 0 | 3.119 7 | 4.509 7 |
| 23 时 | 1.390 0 | 3.807 1 | 5.197 1 |
| 24 时 | 1.390 0 | 2.602 6 | 3.992 6 |
| 合计 | 33.360 0 | 71.834 9 | 105.194 9 |

（4）潮流法。采用表 4-29 和表 4-30 中的有功功率和无功功率，结合 4.1 节中的潮流法，对配电线路的 24 个时段分别进行潮流计算，计算结果如表 4-32 所示。由表 4-32 可知，该线路总计损耗为 109.489 8kWh，供电量为 5 718kWh，损耗率为 1.915%。

表 4-32　　　　　　潮流法计算结果表（运行工况二）　　　　　　（kWh）

| 时间 | 固定损耗 | 可变损耗 | 合计损耗 |
|---|---|---|---|
| 1 时 | 1.390 0 | 1.201 6 | 2.591 6 |
| 2 时 | 1.390 0 | 1.420 3 | 2.810 3 |
| 3 时 | 1.390 0 | 1.991 3 | 3.381 3 |

续表

| 时间 | 固定损耗 | 可变损耗 | 合计损耗 |
|---|---|---|---|
| 4 时 | 1.390 0 | 1.693 3 | 3.083 3 |
| 5 时 | 1.390 0 | 1.991 3 | 3.381 3 |
| 6 时 | 1.390 0 | 1.991 3 | 3.381 3 |
| 7 时 | 1.390 0 | 2.190 4 | 3.580 4 |
| 8 时 | 1.390 0 | 1.914 5 | 3.304 5 |
| 9 时 | 1.390 0 | 2.941 5 | 4.331 5 |
| 10 时 | 1.390 0 | 3.809 3 | 5.199 3 |
| 11 时 | 1.390 0 | 4.201 2 | 5.591 2 |
| 12 时 | 1.390 0 | 4.553 3 | 5.943 3 |
| 13 时 | 1.390 0 | 4.796 4 | 6.186 4 |
| 14 时 | 1.390 0 | 6.397 6 | 7.787 6 |
| 15 时 | 1.390 0 | 3.437 7 | 4.827 7 |
| 16 时 | 1.390 0 | 4.553 3 | 5.943 3 |
| 17 时 | 1.390 0 | 4.201 2 | 5.591 2 |
| 18 时 | 1.390 0 | 2.399 3 | 3.789 3 |
| 19 时 | 1.390 0 | 3.809 3 | 5.199 3 |
| 20 时 | 1.390 0 | 2.663 2 | 4.053 2 |
| 21 时 | 1.390 0 | 3.755 0 | 5.145 0 |
| 22 时 | 1.390 0 | 3.386 2 | 4.776 2 |
| 23 时 | 1.390 0 | 4.030 8 | 5.420 8 |
| 24 时 | 1.390 0 | 2.800 5 | 4.190 5 |
| 合计 | 33.360 0 | 76.129 8 | 109.489 8 |

（5）计算结果分析。对上述 4 种方法计算得到的线路损耗结果归纳整理，得到如表 4-33 所示的结果。由表 4-33 可知：由于该种情况前文所阐述的假设条件，计算数据差不多均满足，所以除了等效容量法在不知道各配电变压器电量情况下，将小电源等效为负容量的配电变压器的计算结果稍微偏小，其他三种方法计算结果非常接近。整体

而言，上述几种方法计算得到的损耗结果是保持一致的。

表 4-33　　　　　10kV 城 1 号线路损耗计算结果汇总表

（运行工况二带小电源）

| 计算方法 | 供电量（kWh） | 损耗电量（kWh） | 损耗率（%） |
|---|---|---|---|
| 等效容量法 | 91.835 | 5 718.000 | 1.606 |
| 等效电量法 | 105.544 | 5 718.000 | 1.846 |
| 前推回代法 | 105.195 | 5 718.000 | 1.840 |
| 潮流法 | 109.490 | 5 718.000 | 1.915 |

### 4.4.3　台区线损计算实例

**1. 典型台区损耗计算实例**

台区基本情况：某地区施坡二组 0.38kV 台区电网电气接线图如图 4-7 所示，线路长度、型号等参数如表 4-34 所示，线路的典型参数如表 4-35 所示，各用户节点的运行参数如表 4-36 所示。线路首端供电量 480kWh，功率因素为 0.9，A、B、C 三相电流分别为 23、34、41A。

线路首端 24h 电流（A）分别为：

（1～12h）：20/16/13/12/15/19/23/28/32/33/39/42

（13～24h）：35/45/52/43/37/32/38/45/65/48/30/24

用户侧计量表损耗：1kWh/月。

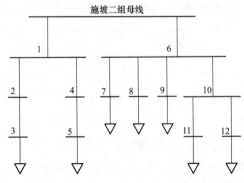

图 4-7　施坡二组 0.38kV 台区电网电气联系图

表 4-34　　　　　　　施坡二组 0.38kV 台区电网线路参数表

| 序号 | 首节点名 | 末节点名 | 型号 | 节距（m） | 线路类型 | 相/线 | 状态 |
|---|---|---|---|---|---|---|---|
| 1 | 施坡二组母线 | 1 | TJ-120 | 175 | 线路 | 三相四线 | 正常 |
| 2 | 1 | 2 | TJ-95 | 130 | 线路 | 三相四线 | 正常 |
| 3 | 2 | 3 | TJ-35 | 20 | 线路 | 三相四线 | 正常 |
| 4 | 1 | 4 | TJ-95 | 60 | 线路 | 三相四线 | 正常 |
| 5 | 4 | 5 | TJ-16 | 35 | 线路 | 单相单线 | 正常 |
| 6 | 施坡二组母线 | 6 | TJ-120 | 175 | 线路 | 三相四线 | 正常 |
| 7 | 6 | 7 | TJ-35 | 20 | 线路 | 三相四线 | 正常 |
| 8 | 6 | 8 | TJ-35 | 20 | 线路 | 三相四线 | 正常 |
| 9 | 6 | 9 | TJ-35 | 20 | 线路 | 三相四线 | 正常 |
| 10 | 6 | 10 | TJ-95 | 145 | 线路 | 三相四线 | 正常 |
| 11 | 10 | 11 | TJ-16 | 20 | 线路 | 单相单线 | 正常 |
| 12 | 10 | 12 | TJ-16 | 20 | 线路 | 单相单线 | 正常 |

表 4-35　　　　　　0.38kV 典型型号线路参数表　　　　　　（Ω/km）

| 线路型号 | 电阻 | 电抗 |
|---|---|---|
| TJ-120 | 0.186 | 0.315 |
| TJ-95 | 0.236 | 0.322 |
| TJ-35 | 0.637 | 0.357 |
| TJ-16 | 1.416 | 0.381 |

表 4-36　　　　　　施坡二组 0.38kV 台区用户用电情况表

| 序号 | 节点名 | 有功用电负荷（kWh） | 用户数 | 时间（h） | 功率因数 | 状态 |
|---|---|---|---|---|---|---|
| 1 | 3 | 43.9 | 5 | 24 | 0.9 | 正常 |
| 2 | 5 | 66.55 | 7 | 24 | 0.9 | 正常 |
| 3 | 7 | 40.22 | 4 | 24 | 0.9 | 正常 |
| 4 | 8 | 72.5 | 5 | 24 | 0.9 | 正常 |
| 5 | 9 | 32.55 | 4 | 24 | 0.9 | 正常 |
| 6 | 11 | 133.75 | 16 | 24 | 0.9 | 正常 |
| 7 | 12 | 69.11 | 4 | 24 | 0.9 | 正常 |

（1）等效电阻法。根据下面的等效电阻法计算公式可计算得到系统的等效电阻如表 4-37 所示。

$$R_{eqL} = \frac{\sum\limits_{i=1}^{m} A_{(i)}^2 R_i}{\left(\sum A_a\right)^2}$$

表 4-37 　　　　施坡二组 0.38kV 台区等效电阻计算结果

| 首端编号 | 末端编号 | 线路电阻 $R_i(\Omega)$ | 配电变压器容量 $S_{(i)}(kVA)$ | 配电变压器容量 $\Sigma S_a(kVA)$ | 等效电阻 $R_{fi}(\Omega)$ |
|---|---|---|---|---|---|
| 母线 | 1 | 0.032 55 | 110.45 | 458.58 | 0.001 89 |
| 1 | 2 | 0.030 68 | 43.90 | 458.58 | 0.000 28 |
| 2 | 3 | 0.012 74 | 43.90 | 458.58 | 0.000 12 |
| 1 | 4 | 0.014 16 | 66.55 | 458.58 | 0.000 30 |
| 4 | 5 | 0.297 36 | 66.55 | 458.58 | 0.006 26 |
| 母线 | 6 | 0.032 55 | 348.13 | 458.58 | 0.018 76 |
| 6 | 7 | 0.012 74 | 40.22 | 458.58 | 0.000 10 |
| 6 | 8 | 0.012 74 | 72.50 | 458.58 | 0.000 32 |
| 6 | 9 | 0.012 74 | 32.55 | 458.58 | 0.000 06 |
| 6 | 10 | 0.034 22 | 202.86 | 458.58 | 0.006 70 |
| 10 | 11 | 0.169 92 | 133.75 | 458.58 | 0.014 45 |
| 10 | 12 | 0.169 92 | 69.11 | 458.58 | 0.003 86 |
| 所有线路等效电阻合计 $R_{eqL}(\Omega)$ | | | | | 0.053 10 |

根据线路首端 24h 的注入电流值计算其形状系数为

$$k = \frac{\sqrt{\sum\limits_{i=1}^{24} I_i^2 / 24}}{\sum\limits_{i=1}^{24} I_i / 24} = 1.078\ 4$$

根据等效电阻计算电能损耗算式可计算施坡二组 0.38kV 台区线路的电能损耗为

$$\Delta A_{b1} = N(kI_{av})^2 R_{eqL} t \times 10^{-3}$$

$$= 3.5 \times \left( \frac{480}{\sqrt{3} \times 0.38 \times 24 \times 0.9} \right)^2 \times 1.078\ 4^2 \times 0.053\ 1 \times 24 \times 10^{-3}$$

$$= 5.912\ 8 (\text{kWh})$$

考虑电能表自身损耗，计算施坡二组 0.38kV 台区表计损耗为

$$\Delta A_{b2} = \left( \frac{t}{24D} \right) \sum (\Delta A_{dbi} m_i)$$

$$= 1.5 (\text{kWh})$$

由于系统不存在无功补偿装置，该部分损耗电量为 0，系统整体总的损耗为 7.412 8kWh，台区的供电量为 480kWh，台区线损率为 1.54%。

（2）分相等效电阻算法。台区的三相负荷电流不平衡度计算如下

$$\varepsilon_i = \frac{I_{\max} - I_{avp}}{I_{avp}} \times 100\%$$

$$= \frac{41 - (41 + 34 + 23)/3}{(41 + 34 + 23)/3}$$

$$= 25.5\%$$

分别计算 A、B、C 三相电流与其平均值之间的比值

$$\alpha_A = \frac{I_A - I_{avp}}{I_{avp}} \times 100\% = 0.704$$

$$\alpha_B = \frac{I_B - I_{avp}}{I_{avp}} \times 100\% = 1.041$$

$$\alpha_C = \frac{I_C - I_{avp}}{I_{avp}} \times 100\% = 1.255$$

根据判定标准相电流与 $I_{avp}$ 的比值大于 1.2 该相为重，0.8～1.2 该相为平均，小于 0.8 该相为轻，可以判定 A 相为轻、B 相平均、C 相为重。根据三相负荷一相重，一相轻，一相平均可以计算该台区三相负荷不平衡与三相负荷平衡时损耗的比值

$$K_b = 1 + \frac{8}{3} \varepsilon_i^2 = 1.173\ 4$$

分相等效电阻法计算三相负荷不平衡时的损耗为

$$\Delta A_{\mathrm{unb}} = N(kI_{\mathrm{av}})^2 R_{\mathrm{eqL}} k_{\mathrm{b}} t \times 10^{-3} + \left(\frac{t}{24D}\right) \sum (\Delta A_{\mathrm{db}i} m_i) + \sum \Delta A_{\mathrm{C}}$$
$$= 1.173\,4 \times 5.912\,8 + 1.5 + 0$$
$$= 8.437\,1(\mathrm{kWh})$$

由此可知，系统整体总的损耗为 8.437 1kWh，台区的供电量为 480kWh，台区线损率为 1.76%。

**2．地区多台区综合线损计算**

某地区不同负载率的台区分布情况如表 4-38 所示，且该区域选取的典型台区损耗情况如表 4-39 所示。

表 4-38　　　　　　　　某地区不同负载率台区分布表

| 序号 | 负载率（%） | 台区个数（个） | 台区总容量（kVA） |
|---|---|---|---|
| 1 | 80～100 | 150 | 9 600 |
| 2 | 70～80 | 1 000 | 80 000 |
| 3 | 60～70 | 1 500 | 120 000 |
| 4 | 50～60 | 1 200 | 96 000 |
| 5 | 40～50 | 800 | 64 000 |
| 6 | 30～40 | 600 | 48 000 |
| 7 | 20～30 | 800 | 64 000 |
| 8 | 0～20 | 1 000 | 80 000 |

表 4-39　　　　　　　　某地区典型台区损耗情况表

| 序号 | 负载率（%） | 台区个数（个） | 台区总容量（kVA） | 损耗功率（kWh） |
|---|---|---|---|---|
| 1 | 80～100 | 4 | 250 | 430 |
| 2 | 70～80 | 20 | 1 500 | 1 890 |
| 3 | 60～70 | 30 | 2 500 | 2 540 |
| 4 | 50～60 | 24 | 1 950 | 1 680 |
| 5 | 40～50 | 16 | 1 050 | 790 |
| 6 | 30～40 | 12 | 1 000 | 630 |
| 7 | 20～30 | 16 | 1 200 | 650 |
| 8 | 0～20 | 20 | 1 750 | 400 |

根据台区负载率大于 70%为重负荷，30%～70%为中负荷，小于 30%为轻负荷的原则将典型台区分为重负荷典型台区、中负荷典型台区和轻负荷典型台区。其中表 4-39 中序号 1 和 2 为重负荷典型台区，序号 3～6 为中负荷典型台区，序号 7 和 8 为轻负荷典型台区。

计算重负荷典型台区的单位配电变压器容量的电能损耗为

$$\Delta A_{\mathrm{aveH}} = \frac{\sum_{i=1}^{m_1} \Delta A_{\mathrm{HT}i}}{\sum_{i=1}^{m_1} S_{\mathrm{HT}i}}$$

$$= \frac{430 + 1\,890}{250 + 1\,500}$$

$$= 1.326(\mathrm{kWh/kVA})$$

计算中负荷典型台区的单位配电变压器容量的电能损耗为

$$\Delta A_{\mathrm{aveM}} = \frac{\sum_{i=1}^{m_2} \Delta A_{\mathrm{MT}i}}{\sum_{i=1}^{m_2} S_{\mathrm{MT}i}}$$

$$= \frac{2\,540 + 1\,680 + 790 + 630}{2\,500 + 1\,950 + 1\,050 + 1\,000}$$

$$= 0.868(\mathrm{kWh/kVA})$$

计算轻负荷典型台区的单位配电变压器容量的电能损耗为

$$\Delta A_{\mathrm{aveL}} = \frac{\sum_{i=1}^{m_3} \Delta A_{\mathrm{LT}i}}{\sum_{i=1}^{m_3} S_{\mathrm{LT}i}}$$

$$= \frac{650 + 400}{1\,200 + 1\,750}$$

$$= 0.356(\mathrm{kWh/kVA})$$

计算整个区域 0.4kV 低压网电能损耗为

$$\Delta A = (\Delta A_{\text{aveH}} S_{\text{H}} + \Delta A_{\text{aveM}} S_{\text{M}} + \Delta A_{\text{aveL}} S_{\text{L}})$$
$$= 1.326 \times (9\,600 + 80\,000) + 0.868 \times (120\,000 + 96\,000 + 64\,000 + 48\,000)$$
$$+ 0.356 \times (64\,000 + 80\,000)$$
$$= 45\,477(\text{kWh})$$

### 3. 供电半径对台区损耗的影响分析

基本情况：某配电变压器容量为 200kVA 的台区，主干线为 400m、JKLYJ-120（中性线与相线相同，最大允许载流量 355A）导线；每 25m 主干线处出一个分支线（长度 20m、型号 VLV$_{22}$-50、中性线与相线相同），每条分支线接 1 个 4 表位表箱，整个台区共 64 个单相用户；负荷：假定每户用电特性及大小相等，四表位表箱用户接入相序尽量满足三相平衡，从末端表箱开始，分别多一个用户接入 C 相、B 相和 A 相，以此类推。台区接线示意图如图 4-8 所示。

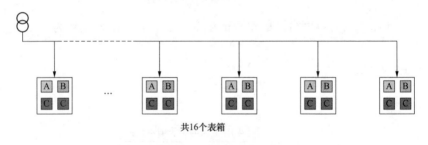

共16个表箱

图 4-8　某台区电气联系图

（1）假定配电变压器在主干线首端。变压器位于首端的台区电表箱分布及接线方式示意图如图 4-9 所示。

说明：对于某表箱，两用户分别接入 A、B 相，两用户接入 C 相，则 A、B、C 三相电流分别为 $I$、$I$、$2I$，此时产生零序电流 $I$，与 C 相同相位，如图 4-10 所示。

依次类推，得到各条分支线、主干线上三相及零序电流，如图 4-9 所示。第 16 条主干线（靠近配电变压器）三相及零序电流分别为 $21I$、$21I$、$22I$、$I$（与 C 相同相位）。

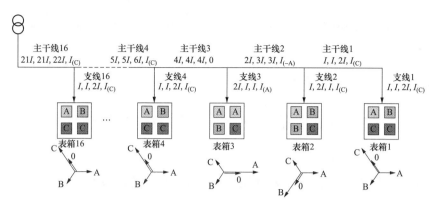

图 4-9　台区主变压器位于线路首段时电气联接图

当配电变压器负载 80%（月电量约 10.4 万 kWh），户均用电 2.5kW 时，可计算出该台区的综合线损率为 4.28%。

（2）假定配电变压器在主干线中间。典型台区电表箱分布及接线方式示意图如图 4-11 所示。

逐次计算各条分支线、主干线上三相及零序电流，如图 4-11 所示。第 8 条主干线（靠近配电变压器）三相及零序电流分别为 $10I$、$11I$、$11I$、$I$（与 A 相反相位）。

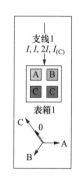

图 4-10　表箱 1 电流示意图

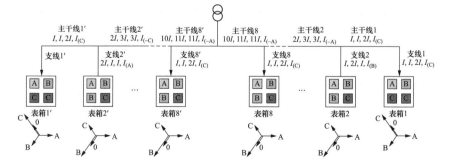

图 4-11　台区主变压器位于线路中间时的台区电气联接图

在上述配电变压器分布条件下，当配电变压器负载 80%，户均用电 2.5kW 时，可计算出该台区综合线损率为 1.30%，与变压器位于首端相比，线损率降低 2.98%。

## 4.5　中低压配电网线损预测方法研究与应用

### 4.5.1　基于人工智能和大数据技术的 10kV 配电网线损预测法

（1）基于灰色关联分析和改进神经网络的 10kV 配电网线损预测方法概述。为了更准确、有效地评估 10kV 配电网线损水平，提出了一种基于灰色关联分析和改进神经网络的10kV 配电网线损预测方法。首先，为提高配电网数据质量，采用了基于 $k$ 近邻的数据清洗方法，对原始数据中的孤立点进行检测并删除；其次，通过灰色关联分析方法对各个电气指标和线损之间的关联性进行分析，并进行关联度的排序，结合实际配电网数据，得到最能反映 10kV 配电网运行状态和网架结构的电气特征指标体系；再次，考虑到传统 BP 神经网络（BPNN）结构难以确定和训练过程易陷入局部极小值、收敛速度慢等缺点，采用以下两个方法改进，第一，使用十折交叉验证法结合试凑法分析 BP 神经网络在不同网络结构下的模型预测性能，来确定最佳隐含层节点数目，第二，采用自适应遗传算法全局搜索 BP 神经网络的权值和阈值，来提高算法的准确性和收敛速度，并以某实际 10kV 配电网的 329 条线路为例，建立线损预测模型，对比分析了所提方法（AGA-BPNN）与粒子群优化的 BP 神经网络（PSO-BPNN）、径向基神经网络（RBFNN）和传统 BP 神经网络在收敛性和准确性方面的差异，结果表明，四种方法的评估误差分别为 6.71%、12.38%、12.95%、17.05%，验证了 AGA-BPNN 具有更好的收敛性、准确性和有效性；最后，对实例配电网 9～12 月的 318 条线损情况未知线路的线损进行预测，预测线损率均在 0.9%～5.1%之间，为电网降损措施的制定提供依据，有利于电网的安全经济运行。

（2）电气特征指标体系的建立。本节对两个 10kV 配电网，应用灰色关联分析分别建立 10kV 配电网电气特征指标体系，以验证灰色关联分析的必要性、合理性及有效性，两个配电网相关信息见表 4-40。

表 4-40　　　　　　　配电网 D1 和配电网 D2 信息

| 参　　数 | 配电网 D1 | 配电网 D2 |
|---|---|---|
| 线路总数 | 320 | 59 |
| 专用变压器月有功供电量占比 | 15.86% | 51.86% |
| 仅有公用变压器线路数目 | 91 | 0 |
| 既有公用变压器又有专用变压器线路数目 | 229 | 59 |

考虑到指标易获取性、指标间相关性及指标的线损贡献度 3 个选取标准，从理论线损指标和管理线损指标中选取以下 15 个指标，见表 4-41。

表 4-41　　　　　　　10kV 配电网电气指标

| 符号 | 电　气　指　标 |
|---|---|
| $x_1$ | 月有功供电量 |
| $x_2$ | 公用变压器月有功供电量 |
| $x_3$ | 月无功供电量 |
| $x_4$ | 公用变压器总容量 |
| $x_5$ | 公用变压器台数 |
| $x_6$ | 累积长度最长的导线截面积 |
| $x_7$ | 线路等效截面积 |
| $x_8$ | 公用变压器平均负载率 |
| $x_9$ | 主干线截面积 |
| $x_{10}$ | 专用变压器月有功供电量 |
| $x_{11}$ | 专用变压器月无功供电量 |

续表

| 符号 | 电 气 指 标 |
|---|---|
| $x_{12}$ | 主干线总长度 |
| $x_{13}$ | 分支线总长度 |
| $x_{14}$ | 线路总长度 |
| $x_{15}$ | 截面积相同的导线最大长度 |

针对配电网 D1 和配电网 D2，采用灰色关联分析，分析以上 15 个电气指标与线损之间的相关性，计算得到的关联度排序结果见表 4-42。

表 4-42 　　　　　　　按关联度排序的影响线损的指标

| 10k 配电网 | 配电网 D1 | | 配电网 D2 | |
|---|---|---|---|---|
| 关联度排名 | 电气指标 | 关联度 | 电气指标 | 关联度 |
| 1 | $x_1$ | 0.900 | $x_1$ | 0.865 |
| 2 | $x_2$ | 0.854 | $x_3$ | 0.844 |
| 3 | $x_3$ | 0.845 | $x_2$ | 0.838 |
| 4 | $x_4$ | 0.826 | $x_{10}$ | 0.816 |
| 5 | $x_5$ | 0.814 | $x_4$ | 0.796 |
| 6 | $x_6$ | 0.761 | $x_{11}$ | 0.770 |
| 7 | $x_7$ | 0.746 | $x_5$ | 0.740 |
| 8 | $x_8$ | 0.740 | $x_{12}$ | 0.734 |
| 9 | $x_9$ | 0.716 | $x_6$ | 0.729 |
| 10 | $x_{10}$ | 0.705 | $x_{15}$ | 0.706 |
| 11 | $x_{11}$ | 0.691 | $x_7$ | 0.706 |
| 12 | $x_{12}$ | 0.689 | $x_{14}$ | 0.704 |
| 13 | $x_{13}$ | 0.676 | $x_9$ | 0.699 |
| 14 | $x_{14}$ | 0.671 | $x_{13}$ | 0.690 |
| 15 | $x_{15}$ | 0.670 | $x_8$ | 0.676 |

由表 4-41 和表 4-42 可知，关于专用变压器的两个指标 $x_{10}$ 和 $x_{11}$（专用变压器月有功供电量，专用变压器月无功供电量），灰色关联分

析的结果为：配电网 D1 以上 2 个指标在 15 个指标中，与线损相关性排序为 10 和 11，配电网 D2 以上 2 个专用变压器指标排序为 4 和 6，配电网 D2 关于专用变压器的两个指标与 10kV 配电网线损关联性更大，由表 4-40 配电网 D1 和配电网 D2 专用变压器月有功供电量占比分别为 15.86% 和 51.86%，说明专用变压器用户用电量占比增加时，专用变压器指标对线损影响变大，此外，其余 13 个指标关联度也均有所变化，因此有必要对配电网 D1 和配电网 D2 分别进行灰色关联分析。

根据配电网 D1 和配电网 D2 的实际数据，基于 15 个电气指标与线损关联度排序（见表 4-42），从上至下依次选取不同数目的电气指标，分别建立 10kV 配电网 BPNN 线损预测模型，经十折交叉验证法分别求得配电网 D1 和配电网 D2 的在不同电气特征指标体系下的平均评估误差，如图 4-12 所示，当电气指标数目分别为 8 和 11 时，配电网 D1 和配电网 D2 有最佳的线损预测性能，因此，应该针对不同的配电网采用不同的电气特征指标体系。配电网 D1 和 D2 的电气特征指标体系如表 4-43 所示。

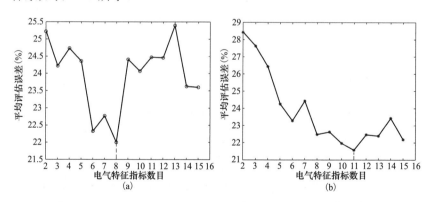

图 4-12　在不同电气特征指标体系下 BPNN 线损预测模型平均评估误差

（a）配电网 D1；（b）配电网 D2

（3）线损预测模型的评估。为了实际分析 AGA 对 BPNN 的改进效果，将配电网 D3 的 329 条线路按 309:20 的比例分为训练样本集和测试样本集，以满足开集测试的要求，对比分析 AGA-BPNN 与 BPNN 两种算法的线损评估性能，结果见表 4-44。

**表 4-43　　配电网 D1 和配电网 D2 的电气特征指标体系**

| 配电网 D1 | 配电网 D2 |
|---|---|
| 月有功供电量<br>公用变压器月有功供电量<br>月无功供电量<br>公用变压器总容量公用变压器台数<br>累积长度最长的导线截面<br>线路等效截面积<br>公用变压器平均负载率 | 月有功供电量<br>月无功供电量<br>公用变压器月有功供电量<br>专用变压器月有功供电量<br>公用变压器总容量<br>专用变压器月无功供电量<br>公用变压器台数<br>主干线总长度<br>累积长度最长的导线截面积<br>截面积相同的导线最大长度<br>线路等效截面积 |

**表 4-44　　　　　　　　测试样本集评估误差分布**

| 预测相对误差 EC（%） | 收敛判据 $\varepsilon$ | | | | | | | |
|---|---|---|---|---|---|---|---|---|
| | 0.003 5 | | 0.004 | | 0.005 | | 0.006 | |
| | AGA-BPNN | BPNN | AGA-BPNN | BPNN | AGA-BPNN | BPNN | AGA-BPNN | BPNN |
| EC＜5 | 35 | 20 | 40 | 15 | 45 | 20 | 25 | 20 |
| 5≤EC＜10 | 50 | 20 | 20 | 25 | 15 | 15 | 45 | 10 |
| EC≥10 | 15 | 60 | 40 | 60 | 40 | 65 | 30 | 70 |

　　从表 4-44 测试样本集线损评估误差分布来看，两种算法在不同的收敛判据下，线损评估误差在 5%以内的线路所占比重 AGA-BPNN 均比 BPNN 要大，而评估误差在 10%以上的线路所占比重 AGA-BPNN 均比 BPNN 要小，因此 AGA-BPNN 整体的线损评估准确性要高于 BPNN。

　　以收敛判据为 0.005 为例，进一步分析 AGA-BPNN 与 BPNN 的线损评估结果，他们的平均评估误差分别为 7.12%和 22.77%，测试样本集的线损评估结果见表 4-45 和图 4-13。

表 4-45　　AGA-BPNN 与 BPNN 的测试样本集线损评估结果

| 线路编号 | 实际线损电量（10⁴kWh） | 线损评估 | | | |
|---|---|---|---|---|---|
| | | AGA-BPNN | | BPNN | |
| | | 评估值（10⁴kWh） | 相对误差（%） | 评估值（10⁴kWh） | 相对误差（%） |
| 267 | 0.772 | 0.799 | 3.53 | 0.981 | 27.11 |
| 325 | 0.767 | 0.673 | 12.24 | 1.036 | 35.12 |
| 17 | 5.487 | 5.120 | 6.69 | 5.428 | 1.09 |
| 214 | 3.895 | 4.305 | 10.54 | 4.427 | 13.66 |
| 135 | 3.155 | 3.549 | 12.49 | 3.360 | 6.49 |
| 13 | 2.522 | 2.403 | 4.70 | 2.825 | 12.01 |
| 243 | 0.702 | 0.618 | 11.88 | 1.004 | 43.11 |
| 293 | 0.570 | 0.551 | 3.26 | 0.842 | 47.78 |
| 258 | 2.214 | 2.493 | 12.60 | 1.568 | 29.17 |
| 326 | 3.053 | 2.994 | 1.91 | 3.592 | 17.66 |
| 211 | 2.475 | 2.456 | 0.77 | 2.621 | 5.91 |
| 184 | 0.560 | 0.607 | 8.32 | 0.875 | 56.13 |
| 268 | 0.719 | 0.616 | 14.40 | 0.952 | 32.33 |
| 21 | 0.567 | 0.538 | 5.07 | 0.918 | 62.12 |
| 88 | 2.610 | 2.614 | 0.16 | 2.767 | 6.02 |
| 98 | 2.505 | 2.757 | 10.07 | 2.598 | 3.73 |
| 178 | 1.002 | 0.994 | 0.78 | 1.032 | 3.05 |
| 329 | 0.815 | 0.838 | 2.88 | 1.017 | 24.91 |
| 41 | 5.747 | 5.522 | 3.92 | 6.009 | 4.56 |
| 183 | 4.135 | 3.468 | 16.12 | 3.162 | 23.52 |

从图 4-13 可以看出，AGA-BPNN 评估值整体上更接近实际线损值，AGA-BPNN 算法准确性更高。

（4）基于 AGA-BPNN 的 10kV 配电网线损预测。对配电网 D3 2017

年 9～12 月的线损进行预测，由于实际工作中不是所有的线路各个月份的数据均能收集齐全，以 329 条线路中的 318 条线损情况未知的线路为例，进行线损预测。将该 318 条线路电气特征指标数据输入所建立的线损预测模型中，得到该 318 条线路 2017 年 9～12 月的线损预测值，除以该月供电量的百分数得到线损率，预测结果如图 4-14～图 4-17 所示。

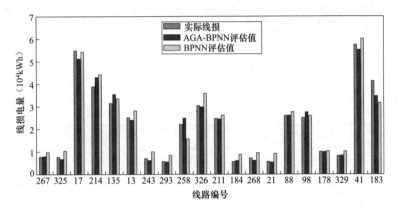

图 4-13　AGA-BPNN 与 BPNN 线损评估结果

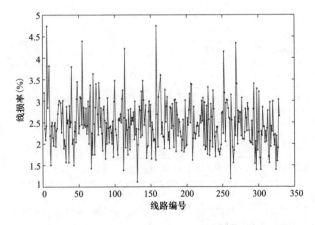

图 4-14　配电网 D3 2017 年 9 月线损率预测结果

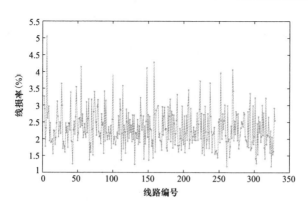

图 4-15　配电网 D3 2017 年 10 月线损率预测结果

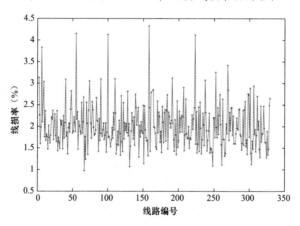

图 4-16　配电网 D3 2017 年 11 月线损率预测结果

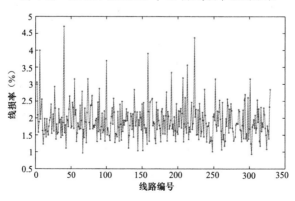

图 4-17　配电网 D3 2017 年 12 月线损率预测结果

为了方便对配电网 D3 线损预测结果进行分析，绘制线损预测结果频数分布直方图如图 4-18～图 4-21 所示。

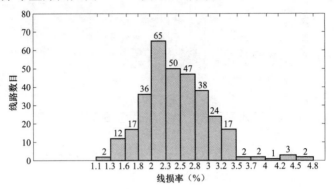

图 4-18　配电网 D3 2017 年 9 月线损率预测结果频数分布图

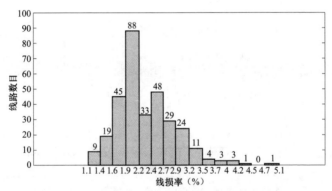

图 4-19　配电网 D3 2017 年 10 月线损率预测结果频数分布图

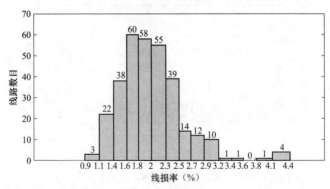

图 4-20　配电网 D3 2017 年 11 月线损率预测结果频数分布图

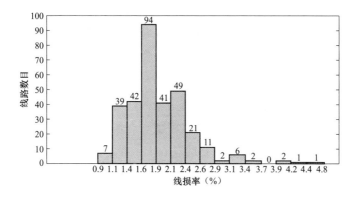

图 4-21　配电网 D3 2017 年 12 月线损率预测结果频数分布图

由图 4-18～图 4-21 可以看出，10kV 配电网 D3 2017 年 9～12 月线损率均在 0.9%～5.1%之间，处于正常状态。

（5）结论。基于灰色关联分析和改进神经网络的 10kV 配电网线损预测方法，通过以上研究、分析及实例验证得出主要结论如下：

1）针对不同的实际 10kV 配电网，应用灰色关联分析方法的定量分析各个电气指标与线损之间的关联性，并按影响线损程度从大到小进行排序；之后结合配电网的线损评估结果确定电气指标数目，进而建立了最佳电气指标体系。

2）交叉概率 $P_c$ 和变异概率 $P_m$ 对遗传算法的收敛性有较大影响，采用自适应调整的 $P_c$ 和 $P_m$ 能反映种群中的个体在不同进化时期的需求，提高遗传算法的搜索效率和寻优性能，提高 BPNN 的改进效果，优化线损预测模型的性能。

## 4.5.2　基于大数据技术的台区线损评估方法

（1）方法概述。一种基于改进 K-Means 聚类算法和 Levenberg-Marquardt（LM）算法优化的 BP 神经网络模型快速计算低压台区线损率的方法，并通过编程加以实现。首先，根据样本的电气特征参数，提出了改进 K-Means 聚类算法，将台区样本分类，解决了台区线损率数值分散的问题。在此基础上，采用 LM 算法优化的 BP 神经网络模型对样本数据按类进行训练，利用 BP 神经网络拟合样本线损率与电气特征参数之间的关系，得到其变化规律。最后，以某地区 601 个居民负荷台区样本数据和 580 个工业负荷台区样本数据为例进行仿真计算，验证了所提方法的准确性。结果表明，与标准 BP 神经网络模型相比，LM 算法优化的 BP 神经网络模型具有快速收敛、高精度等优点。

（2）台区样本分类。算例共选取 601 个样本，每个样本数据包含 4 个自变量和 1 个因变量。$x_1$（%）为居民用电比例，$x_2$（m）为供电半径，$x_3$（m）为低压线路总长度，$x_4$（%）为负载率，$d$（%）为线损率。

利用 K-Means 聚类算法对 601 组标准化处理后的样本进行聚类。根据标准化后的数据计算每个样本的性能指标 PE，进一步按照 PE 值的大小对样本进行升序排序。结果如表 4-46 所示。

**表 4-46**                 **各类所包含的样本数**

| 类别 | 样本数 | 类别 | 样本数 |
|------|--------|------|--------|
| 1 | 155 | 4 | 39 |
| 2 | 305 | 5 | 84 |
| 3 | 9 | 6 | 8 |

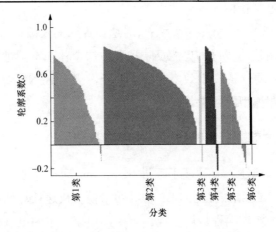

图 4-22   $k=6$ 时各类样本的轮廓系数分布图

（3）LM 算法优化的 BP 神经网络与标准 BP 神经网络模型的比较。为了进一步证明 LM 算法优化的 BP 神经网络模型的优越性，对比了标准 BP 神经网络模型和 LM 算法优化的 BP 神经网络模型，结果如表 4-47 所示。

表 4-47　　　　标准 BP 网络模型与 LM 算法优化的

BP 网络模型的比较

| 参　数 | 训练目标误差=0.01 | | | | | | | |
|---|---|---|---|---|---|---|---|---|
| | 第 1 类 | | 第 2 类 | | 第 3 类 | | 第 4 类 | |
| | 标准的 BP 算法 | 改进的 BP 算法 | 标准的 BP 算法 | 改进的 BP 算法 | 标准的 BP 算法 | 改进的 BP 算法 | 标准的 BP 算法 | 改进的 BP 算法 |
| 迭代次数/次 | 70 000 | 11 | 70 000 | 11 | 3 047 | 9 | 2 144 | 4 |
| $E_C < 1\%$ | 11 | 12 | 10 | 21 | 3 | 0 | 0 | 3 |
| $1\% < E_C < 5\%$ | 16 | 36 | 23 | 50 | 0 | 2 | 6 | 5 |
| $5\% < E_C < 10\%$ | 38 | 35 | 38 | 55 | 1 | 5 | 4 | 4 |
| $10\% < E_C < 20\%$ | 40 | 33 | 90 | 72 | 5 | 2 | 11 | 10 |
| $20\% < E_C < 30\%$ | 21 | 17 | 47 | 41 | 0 | 0 | 4 | 7 |
| $E_C > 30\%$ | 30 | 23 | 97 | 66 | 0 | 0 | 14 | 10 |

| 参　数 | 训练目标误差=0.01 | | | | | |
|---|---|---|---|---|---|---|
| | 第 5 类 | | 第 6 类 | | 总计 | |
| | 标准的 BP 算法 | 改进的 BP 算法 | 标准的 BP 算法 | 改进的 BP 算法 | 标准的 BP 算法 | 改进的 BP 算法 |
| 迭代次数/次 | 11 631 | 5 | 734 | 33 | 157 556 | 73 |
| $E_C < 1\%$ | 1 | 1 | 1 | 2 | 26 | 39 |
| $1\% < E_C < 5\%$ | 5 | 17 | 1 | 3 | 51 | 113 |
| $5\% < E_C < 10\%$ | 5 | 13 | 3 | 0 | 89 | 112 |
| $10\% < E_C < 20\%$ | 18 | 25 | 2 | 2 | 166 | 144 |
| $20\% < E_C < 30\%$ | 15 | 14 | 0 | 1 | 87 | 80 |
| $E_C > 30\%$ | 40 | 14 | 1 | 0 | 182 | 113 |

注　EC 表示样本的相对误差百分数；迭代次数为各类迭代次数之和。

在训练目标误差为 0.01 的情况下，应用标准 BP 神经网络模型训练各类样本。达到训练目标误差限值时，各类迭代次数分别为 70 000、70 000、3 047、2 144、11 631、734 次。而 LM 算法优化的 BP 神经网络模型在达到训练目标误差限值时，各类的迭代次数分别为 11、11、9、4、5、33 次。由此可见，LM 算法优化的 BP 神经网络模型的收敛速度比标准 BP 神经网络模型快。

采用标准 BP 神经网络模型进行训练，相对误差百分数在 10% 以内的台区有 166 台，占比为 27.6%；相对误差百分数在 30% 以上的台区有 182 台，占比为 30.3%。而采用 LM 算法优化的 BP 神经网络模型得到的相对误差百分数在 10% 以内的台区有 264 台，占比为 43.9%；相对误差百分数在 30% 以上的台区有 113 台，占比为 18.8%。可见，LM 算法优化的 BP 神经网络模型计算精度得到了提高。

进一步减小训练目标误差，标准 BP 神经网络模型不再收敛。而 LM 算法优化的 BP 神经网络模型可以达到 0.000 1 的训练目标误差，且在该训练目标误差下相对误差百分数在 5% 以内的台区占比达到了 93.5%。

（4）结论。在低压配网电网架构和目前电网管理水平的基础上，对比分析了计算电网线损的各种传统方法，发现方法都进行了简化，并且涉及的原始数据量大、收集困难，致使计算工作难以进行。为了提高线损计算结果的准确度和计算工作的效率，以神经网络相关理论为基础，提出了一种利用 LM 算法优化的 BP 神经网络模型计算低压台区线损的方法。通过实例验证，证明了计算方法的有效性。归纳总结如下：

1）通过决策树归纳的分析方法，创建台区数据合理性的分析模型来校验数据质量。

2）低压配网线损的影响因素有很多，主要包括设备状态、配网结构和技术、运行方式和营销管理质量四个方面。综合考虑各参数对台区线损影响的重要程度和获取的难易程度，选取供电半径、低压线路总长度、负载率和用电性质及比例作为台区的电气特征指标体系。

3）低压台区网架结构和管理水平不同，电气特征参数数值上差异较大。对传统 K-Means 聚类方法进行了改进，提出了一种适应于台区分群的分类方法，避免了数值分散问题导致的 BP 神经网络模型性能的降低。

4）基于台区的分类结果，建立 LM 算法优化的 BP 神经网络模型，针对每类样本进行学习训练，揭示了不同电气特征参数下台区线损率的变化规律。

5）编程实现了本文建立的 LM 算法优化的 BP 神经网络模型，并且利用 601 个居民负荷台区样本实例和 580 个工业负荷台区样本对线损计算方法进行了实例验证，证明了所提方法的有效性、合理性和实用性。

# 5.1  电 网 线 损 分 析

电网线损分析的目的，主要是依托电网理论线损计算结果，分析电网结构及其运行的合理性、节能性和经济性，找出规划设计、设备性能、电网运行、计量装置、管理降损等方面存在的问题，以便采取针对性的降损措施，提升电网精益化管理水平，提高电网运营效率效益。

## 5.1.1  电力线路的损耗分析

静态指标分析。应根据《配电网规划设计技术导则》（DL/T 5729—2016）、《配电网技术导则》（Q/GDW 10370—2016），分析判断线路导线截面积、供电半径是否合理；对于超标线路，应结合负荷密度及实际负荷水平，提出降损改造措施建议。静态指标标准如下。

**1.  110（66）kV 线路导线截面积（$S$）标准**

架空线路（钢芯铝绞线）导线截面积（$S$），A+、A、B 类供电区域，$S \geqslant 240\text{mm}^2$，C、D、E 类供电区，$S \geqslant 150\text{mm}^2$；

电缆线路（交联聚乙烯绝缘铜芯电缆），其导线截面积载流量与架空线路导线相匹配。

**2.  35kV 线路导线截面积（$S$）标准**

架空线路（钢芯铝绞线）导线截面积（$S$），A+、A、B 类供电区域，$S \geqslant 150\text{mm}^2$，C、D、E 类供电区，$S \geqslant 120\text{mm}^2$；

电缆线路（交联聚乙烯绝缘铜芯电缆），A+、A、B 类供电区域，$S \geqslant 240\text{mm}^2$，C、D、E 类供电区，$S \geqslant 185\text{mm}^2$。

**3.  10kV 线路导线截面积（$S$）标准**

架空线路（钢芯铝绞线）主干线导线截面积（$S$），A+、A、B 类供电区域，$S \geqslant 185\text{mm}^2$，C、D 类供电区，$S \geqslant 120\text{mm}^2$；E 类供电区，$S \geqslant 95\text{mm}^2$；

电缆线路（交联聚乙烯绝缘铜心电缆），变电站至开关站，$S \geqslant 300\text{mm}^2$，其他环网干线，$S \geqslant 240\text{mm}^2$。

**4. 中低压线路供电半径（$L$）标准**

10（6）kV 中压线路供电半径（$L$），A+、A 类供电区域，$L \leqslant 3\text{km}$；B 类供电区域，$3\text{km} < L \leqslant 5\text{km}$；C 类供电区域，$5\text{km} < L \leqslant 10\text{km}$；D 类供电区域，$10\text{km} < L \leqslant 15\text{km}$；E 类供电区域供电半径满足电压损失标准要求；

0.4kV 低压线路供电半径（$L$），A+、A 类供电区域，$L \leqslant 150\text{m}$；B 类供电区域，$150\text{m} < L \leqslant 250\text{m}$；C 类供电区域，$250\text{m} < L \leqslant 400\text{m}$；D 类供电区域，$400\text{m} < L \leqslant 500\text{m}$；E 类供电区域供电半径满足电压损失标准要求。

**5. 中低压线路电压损失标准**

对于运行线路的长度和截面积，均应满足线路的电压降标准要求。根据《10kV 及以下架空配电线路设计技术规程》（DL/T 5220—2005）规定：10kV 架空线路，自变电站（或开闭所）出线至线路末端变压器或末端受电配电所计量点处的允许电压降为额定电压的 5%；0.4kV 及以下配电线路，自配电变压器二次侧出口至线路末端（不包括接户线）的允许电压降为额定电压的 4%。

动态指标分析。应结合电力线路负载、统计线损率情况，依据《中低压配电网能效评估导则》（GB/T 31367—2015）判定配电线路线损率是否超标，线路的负载率最高不宜超过 70%，最低不宜低于 30%。当线路线损率超标时，应结合 8.2.1 的分析及实际负荷水平，提出具体的降损措施建议。不同负荷密度的供电区，单条线路损耗率标准如下：

对于中压配电线路，A（含 A+）、B、C、D 类供电区对应的线损率标准分别为：2%、3%、4%、5%；对于低压配电线路，A（含 A+）、B、C、D 类供电区对应的线损率标准分别为：4%、6%、8%、10%。

### 5.1.2 电力变压器的损耗分析

（1）静态节能水平分析。应根据 GB/T 6451—2015、GB/T 25289—2010、GB/T 10228—2015、GB/T 20052—2013 等，分析判断变压器是否高耗能；对于高能耗变压器，根据运行年限及负荷大小，提出降损节能措施建议。变压器节能性判断标准如下：

1）对于电力变压器，S11 及以上序列为节能型，S10 序列为普通型，S9 及以下序列为高能耗型。

2）对于配电变压器，S13 及以上序列为节能型，S11 序列为普通型，S10 及以下序列为高能耗型。

（2）动态运行损耗分析。应结合变压器负载、功率因数及其分接电压状况，参考 GB/T 13462—2008、DL/T 985—2012 等判定变压器运行的经济性和高效性，依据 GB/T 31367—2015 判定配电变压器运行损耗率是否超标，变压器的负载率不宜超过 80%。

（3）变压器无功补偿分析。应依据《配电网技术导则》（Q/GDW 10370—2016）判定无功补偿度是否合理，无功补偿容量标准为变压器容量的 10%～30%；高峰负荷时，变电站变压器一次侧功率因数不宜低于 0.95，配电变压器一次侧功率因数不宜低于 0.90；当变压器功率因数不达标时，要分析无功补偿装置是否满足补偿需要，是否能够实现精细化可靠投切，并提出优化补偿措施建议。

### 5.1.3 计量装置运行分析

#### 1. 准确度分析

应根据《电能计量装置技术管理规程》（DL/T 448—2016）核查电能表、电流电压互感器的准确等级是否达标，电压互感器二次回路压降是否超标；当互感器精度或二次回路误差超标时，要结合负荷和现场实际情况分析原因，并提出改进措施建议。

（1）各类电能计量装置配置的电能表、互感器的准确等级标准应不低于表 5-1 所示。

表 5-1　　　　　电能表与互感器的准确等级标准

| 电能计量装置种类 | 准确度等级 | | | | 备　注 |
| --- | --- | --- | --- | --- | --- |
| | 有功电能表 | 无功电能表 | 电压互感器 | 电流互感器 | |
| I | 0.2S | 2.0 | 0.2 | 0.2S | 220kV 及以上贸易结算用、500kV 及以上考核用电能计量装置 |
| II | 0.5S | 2.0 | 0.2 | 0.2S | 110（66）～220kV 及以上贸易结算用、220～500kV 及以上考核用电能计量装置 |
| III | 0.5S | 2.0 | 0.5 | 0.5S | 10～110（66）kV 贸易结算用、10～220kV 考核用电能计量装置 |
| IV | 1.0 | 2.0 | 0.5 | 0.5S | 380V～10kV 电能计量装置 |
| V | 2.0 | — | — | 0.5S | 220V 单相电能计量装置 |

（2）电能计量装置中电压互感器二次回路电压降应不大于其额定二次电压的 0.2%。

**2．运行质量分析**

应根据《电能计量装置技术管理规程》（DL/T 448—2016）核查计量装置技术管理是否规范，分析电能表、互感器及其二次回路压降周期轮换、监测是否规范，计量装置异常与故障导致的电量追退处理情况，查找不符合规程的相关问题，并提出解决问题的措施建议。

### 5.1.4　综合线损分析

**1．综合线损率分析**

应根据《电力企业节能降耗主要指标的监管评价》（GB/T 28557—2012）评价综合线损率是否合理。报告期内电网综合线损率变化值 $k$（$k$=当期值/上期值）的范围应为：$0.95 \leqslant k \leqslant 1$。当 $k<0.95$ 时，应统计分析，说明情况；当 $k>1$ 时，应组织编写超限分析报告，同时对引起综合线损率变化超限的各种因素进行理论计算分析。

**2."四分"线损分析**

应按分区、分压、分元件、分台区多层面地开展统计线损与理论线损对比分析，与年度历史数据相比较，与线损元件分析相结合，判断高损区域、高损元件，提出高损元件治理措施，必要时将高损元件治理纳入项目储备。统计线损与理论线损对比分析时，要考虑两者的可比性，必要时可同口径调整。统计线损率和理论线损率变化趋势应基本一致，否则，应查明原因。

**3．线损构成变化分析**

在分压、分元件线损分析时，应分别列出线路损耗、变压器铁损和铜损、电容电抗损耗及站用电占该电压等级总电能损耗的百分比，并与上年或历年的数据相比较，以便判断损耗结构的变化。分析供电电压、输送距离（或供电半径）、电流密度、变压器负载率是否合理，以及售电量构成变化对电能损耗的影响。

**4．无功补偿分析**

应按照分压分区、就地平衡的原则核查各级电压无功补偿是否合理。

### 5.1.5 理论线损分析报告

**1．报告内容**

开展线损理论计算编写分析报告内容应包括线损理论计算概述、电网及其运行情况、线损理论计算结果（综合、分压、分区）汇总与分析、存在问题与措施建议、理论计算工作总结与评价、相关附录等章节内容。

省公司级报告分析内容要涵盖到地市级供电公司（地市级分区分析报告可在省级主报告附录中排列)，地市公司级报告分析内容要涵盖到县级供电公司（县级分区分析报告可在地市级主报告附录中排列）；汇总分析报告中的分压线损分析要纵到县级供电公司各级电压、横到所辖各区域、各单位，不遗漏、不重复。

线损理论计算表格应统一模板格式，各表格之间数据的逻辑关系应前后呼应、关联准确正确，不矛盾、不缺失、不错位。

　　线损理论计算报告格式应符合《国家电网公司技术标准管理办法》[国网（科 2）227—2014]中字体、字号与行间距等编排要求。

## 2. 汇总分析

　　（1）分级汇总：电网电能损耗汇总形式采用自下而上逐级汇总，应以县、市、省、区域关口为分界，完成从 0.4～1 000kV 的全网理论线损计算。汇总主要包括：全网分区线损率汇总、全网分压线损率汇总、全网 220kV 及以上电压等级线损率汇总、全网 220kV 及以下电压等级线损率汇总、全网 110kV 及以下电压等级线损率汇总等。

　　（2）分区汇总：按供电区域线损管理划分汇总，即按照不同供电区域进行理论线损汇总。常见的分区模式有：区域、省、市、县、供电所等。若干区域供电量汇总时，电厂上网电量可直接进行汇总，外网送入电量和向外网送出电量汇总后需扣除汇总区域之间的互送电量。若干区域理论损耗可直接进行汇总。

　　（3）分压汇总：按照不同电压等级进行线损统计汇总。直流电网分为 ±800、±660、±500、±400kV 等；交流电网分为 1 000、750、500、330、220、110、66、35、10（20/6）、0.4kV 等各电压等级。也可以根据需要，对某几个电压等级进行汇总计算。各电压等级输入电量=本网该电压等级发电厂上网电量+本网其他电压等级转入电量+外网送入本电压等级电量。若干电网同一电压等级进行汇总时，该电压等级的上网电量和其他电压等级转入电量可直接汇总，外网送入该电压等级电量汇总后需扣除汇总电网之间该电压等级的互送电量。同一电网若干电压等级进行汇总时，上网电量和外网送入电量可直接汇总，其他电压等级转入电量汇总后需扣除汇总电压等级之间的互送电量。

## 3. 报告成果应用

　　线损理论计算分析报告成果应服务于各级线损率指标计划制订与

考核管理，服务于电网规划、设计与电网建设项目储备，服务于电网降损节能技术改造，服务与经济调度和电网经济运行，服务于上网电厂线路或大用户线路线损分摊计算等，为公司发展战略及方针制订提供支持。

## 5.2 降损措施

### 5.2.1 技术降损措施

电网降损技术措施应符合《配电网技术导则》（Q/GDW 10370—2016）要求，可采取以下几个方面措施。

**1. 规划设计降损**

（1）合理划分变电站及馈线供电区域，一般不跨供电区域供电，一般负荷就近供电，避免线路迂回。

（2）变电站、配电所或变压器的布点靠近负荷中心，简化网络结构，缩短供电半径，合理确定线路开环点，减少大负荷远距离消纳。

（3）应用大截面积耐热导线、节能导线（含节能线夹）或增加并列线路，合理控制负载率；过载、重载的中低压线路优先采取新出线路分切负荷的方式，或采取与其他线路均衡负荷的方式。

（4）新建或改造线路导线截面应按规划目标一次性建成，避免产生线路瓶颈，使供电能力受限。

（5）宜采用 S13 及以上的节能型配电变压器，逐步淘汰高损耗配电变压器。

**2. 运行与改造降损**

（1）对于配电网，增加无功补偿、无功优化或电容器组合理分配，减少系统无功输送，提高功率因数；加强对用户无功电力的管理，提高用户无功补偿设备的补偿效果，促进客户采用集中和分散补偿相结合的方式，提高功率因数；

（2）合理调整电压或升压改造，优化电压或简化电压等级，提升经济输电能力；

（3）环网合理并环运行或优化电网运行方式，优化电网功率分布；

（4）高损变压器节能改造，应用节能型（含非晶合金）变压器，降低其固定损耗功率；

（5）合理调整变压器的台数、容量，开展变压器经济运行，优化不同变压器的负载分配；

（6）平衡台区低压线路三相负荷，优化不同相导线的负荷分配；以计量点、支路、主干线、配电变压器出口"四级平衡"为目标，科学制定台区可研设计方案，先绘图，后施工，逐户核相验收，确保线损指标符合预期目标；

（7）宜采用各种技术经济措施（储能等），开展需求侧管理、移峰填谷，减少负荷波动，提高负荷率。

**3．计量装置降损**

（1）定期检定（含现场检验）、轮换计量装置，改造二次压降超标的计量回路，提高计量准确性；

（2）设计选用高精度、低损耗的电能计量装置，包括电流、电压互感器、二次回路、电能表等。

## 5.2.2　配网降损新技术简介

**1．节能型配电变压器**

节能型配电变压器主要包括 S13 型立体卷铁芯变压器、永磁真空有载调容调压配电变压器、立体卷铁芯非晶合金配电变压器和植物绝缘油配电变压器。

（1）S13 型立体卷铁芯变压器：该类型配电变压器突破传统铁芯结构，将三个心柱呈等边三角形立体排列，具有空载损耗低、结构紧凑、节省材料、运行噪声小等特点。配电变压器的重要技术指标包括空载损耗、负载损耗、空载电流、短路阻抗。S13 型立体卷铁芯变压器与同容量 S11 型叠铁芯变压器相比，空载损耗下降 25%以上，空载电流下降 70%以上，噪声下降 7～10dB。适用于新建和改造的城乡配电网应采用节能型配电变压器。

（2）永磁真空有载调容调压配电变压器：该类型配电变压器利用永磁真空有载调压开关实现对电压分接头的自动带载切换的配电变压器，具有切换动作平稳、供电质量高、过励磁小等特点，相对于机械无载调容调压配电变压器和机械有载调容调压配电变压器而言具有许多显著优点，主要应用于负荷呈交替规律变化、平均负荷率低（小于25%）、短时性或季节性负荷波动大、电压越限时间长的 10kV 配电台区。特性对比见表 5-2。

表 5-2 变压器对比表（一）

| 变压器类别 | 供电连续性 | 对绝缘油劣化的影响 | 对运行负荷和电压的跟踪 | 调容调压方式 | 切换过程中的过励磁幅值 | 运行寿命 | 运行维护 | 运行可靠性 |
|---|---|---|---|---|---|---|---|---|
| 永磁真空有载调容调压配电变压器 | 连续 | 无影响 | 实时跟踪 | 自动 | 很低 | 长 | 免维护 | 可达 B 级及以上 |
| 机械无载调容调压配电变压器 | 不连续 | 易导致绝缘油劣化 | 无法跟踪 | 需停电操作 | 无，但需停电 | 短 | 需定期换绝缘油 | A 级 |
| 机械有载调容调压配电变压器 | 连续 | | 定时跟踪 | 自动 | 很高 | 一般 | | |

（3）立体卷铁芯非晶合金配电变压器：该类型配电变压器以非晶合金材料为铁芯，同样为立体三角形铁芯结构并采用了超低空载损耗的非晶合金带材，具有三相磁路完全对称、抗突发短路能力强、噪声低、铁芯材料利用率高、铜材消耗量少、节能效果显著等特点；相对于平面卷铁芯非晶合金配电变压器和硅钢铁芯配电变压器而言具有许多显著优点，适用于年均负载率小于 35%的配电台区，但不宜在噪声敏感的场所使用；对防火等级要求高、噪声限值低及有高过载需求的

地区，可采用非包封干式非晶合金立体卷铁芯配电变压器。特性对比
见表 5-3。

表 5-3　　　　　　　　　变压器对比表（二）

| 变压器类别 | 耐受突发短路的能力 | 空载损耗（%） | 空载电流（%） | 噪声 | 铁芯材料利用率（%） | 绕组铜材消耗量（%） |
|---|---|---|---|---|---|---|
| 立体卷铁芯非晶合金配电变压器 | 很好 | 30 | 5 | 可再降低3～6dB | 99 | 70 |
| 平面卷铁芯结构的非晶合金配电变压器 | 很差 | 60 | 30 | 满足标准要求 | 93 | 77 |
| 硅钢铁芯配电变压器 | 一般 | 100 | 100 | 满足标准要求 | 90 | 100 |

（4）植物绝缘油变压器：该类型配电变压器采用植物天然酯作为
主绝缘和冷却介质，具有可再生性好、环保性能优良、燃点与闪点高、
绝缘性能好等优点。与矿物油浸式变压器相比，在不改变铁芯、绕组
等材料和结构的情况下具有许多显著优点，适用于对生态环境要求高
的水源地、防火防爆性要求高的机场、车站、商场、写字楼、地下室
等地区。特性对比见表 5-4。

表 5-4　　　　　　　　　变压器对比表（三）

| 变压器类别 | 20天自然降解率 | 资源可再生性 | 耐受过负荷能力 | 发生着火爆炸概率 | 运行寿命 | 绝缘耐热水平 | 全寿命周期内的成本 |
|---|---|---|---|---|---|---|---|
| 植物绝缘油变压器 | 98% | 非常好 | 很强 | 极低 | 40 年 | 可达 B 级及以上 | 为矿物绝缘油变压器的40% |
| 矿物绝缘油变压器 | 0 | 很差 | 一般 | 高 | 30 年 | A 级 | 100% |

## 2. 互感器二次回路状态检测技术

互感器二次回路状态检测技术是指可实时地在线监测计量用电压
互感器和电流互感器的二次回路状态（包括正常连接、开路、短路、
回路串接异常设备等）的技术，该技术可采用独立式设备安装于电能

计量回路中，也可在电能表、采集终端等设备的基础上进行技术升级和改造。该技术可用于进行回路故障监测，安全用电、用电稽查提供有力的技术支撑。

对于应用于计量回路中的回路状态检测技术，对回路状态的检测识别率应达到 100%的要求，装置的安装、供电和采集方式不应影响到正常计量工作，可实时的上报回路状态的变化，并以事件的形式上报并记录。可以固定时间间隔上报回路电流电压数据。装置具备独立的通信方式，可选择采用无线公网，以太网、RS-485、载波等通信方式，满足各种应用场合的需求，安全防护上具备防恒定磁场 300mT 测试要求，具备干扰事件记录和事件上报功能，对数据通信过程进行机密，加密算法满足国密 SM1 的要求。

互感器二次回路状态检测技术适用于所有新增和改造的专用变压器、专线用户，互感器二次回路巡检仪应纳入专用变压器、专线用户业扩新增的计量装置标准化配置同步建设。

### 3. 计量在线监测与智能诊断技术

计量在线监测与智能诊断技术是指通过用电信息采集系统实现对电能表数据的采集与处理，并在采集系统主站通过数据比对、统计分析和数据挖掘等技术手段，对计量设备的运行工况进行诊断和分析，确定计量设备是否处于正常运行状态，同时应用现场智能诊断装置针对现场运行设备进行诊断和维护。

计量在线监测模型的数据来源包括电能表和采集终端中的电能计量数据、运行工况数据和事件记录等各类数据。实现单一设备分析、期间分析和群分析等智能诊断，包括电量异常诊断、电压电流异常诊断、异常用电诊断等共计 7 类 29 个单一异常分析智能诊断和疑似窃电、设备故障、错接线、配电变压器需扩容等 8 类 108 个异常关联分析。现场智能诊断装置可对采集终端在现场应用条件下实现模拟量采集基本误差、I/O 接口、本地及远程通信模块、终端基本功能及通信协议一致性的自动测试及诊断分析，可实现电力线载波噪声信号、微功率无线噪声信号的采集、记录和还原，同时实现无线公网通信信号强度的测试、显示和记录。

该技术进一步提高了现场设备工作效率和系统维护的自动化程度，支撑时钟同步、防窃电等工作，取得了大量的社会经济效益。与人工调试相比，采用现场智能诊断装置不需要操作人员具备专业的软硬件调试技能，只需按步骤进行操作即可处理大部分问题，可提高用电信息采集系统的可用性和稳定性。适用于各省公司的采集系统主站、接入系统的智能电能表和采集终端。

**4. 配电网用节能导线**

配电网用节能导线是指与常规导线相比在等外径（等总截面积）应用条件下，通过减小导线直流电阻，提高导线导电能力，减少输电损耗，达到节能效果。配电网用节能导线主要包括：钢芯高导电率铝绞线、铝合金芯高导电率铝绞线和中强度铝合金绞线三类裸导线及高导电率铝芯交联聚乙烯绝缘电缆。

节能导线常用的导体材料主要有高导电率硬铝线和铝合金线。其中，铝合金线主要包括高强度铝合金线、中强度铝合金线。导体的导电率主要以国际退火铜为基准的百分数（IACS）来表征，纯度为 100% 的纯铝导电率为 64%IACS。

高导电率硬铝线采用铝含量 99.75%～99.90% 重熔用铝锭作为原料，并结合硼化、晶粒细化等先进生产工艺制作而成，导电率可分为 61.5%IACS、62%IACS、62.5%IACS、63%IACS，拉强度为 160～200MPa，与普通硬铝线相同。高导电率硬铝线主要用于节能导线中的钢芯高导电率铝绞线、铝合金芯高导电率铝绞线和高导电率铝芯交联聚乙烯绝缘电缆。

高强度铝合金线通过在冶炼过程中添加镁（Mg）和硅（Si）元素，形成强化相 $Mg_2Si$，为热处理型的铝—镁—硅合金材料，按照导电率分为 52.5%IACS 和 53%IACS 两个等级，前者抗拉强度为 315～325MPa，后者为 295MPa。高强度铝合金线主要作为铝合金芯铝绞线的芯线使用，同时兼有导体功能。

中强度铝合金线通过金属合金化、固溶、淬火和人工时效热处理等工艺制成，属于半热处理半加工硬化型铝合金，导电率为 58.5% IACS，抗拉强度为 230～295MPa。中强度铝合金线主要用于中强度铝合金绞线。

适用条件：钢芯高导电率铝绞线、铝合金芯高导电率铝绞线和中强度铝合金绞线三类裸导线主要用于 35kV 新建线路上，高导电率铝芯交联聚乙烯绝缘电缆主要用于 10kV 及以下电压等级新建线路上。

### 5.2.3 管理降损措施

#### 1. 落实管理责任与激励

（1）实施线损"四分"管理，落实线损管理职责。各级单位应不断深化线损"四分"管理，落实线损管理职责分工，实施精细化线损管理。将台区和 10kV 线路的管理责任落实到一线班组和个人，合理分解线损指标，逐级制定降损目标，定期评比管理成效，实现线损管理成效与工作绩效挂钩。结合"全能型"供电所建设，将线损管理融入供电所、配电班组等基层单位的日常生产和运行管理，实现与采集监测、用电稽查、营配调贯通等业务深度融合，提高线损分析诊断能力和异常处理效率。

（2）强化专业管理协同。线损管理涉及规划设计、指标计划、电网建设、计量安装、设备运行、营销管理等诸多专业，综合管理部门应认真落实"四分"线损管理职责，科学制定线损指标计划，细化管理措施，加强统筹协调和工作督导；各专业部门认真分解目标任务，加强指标管控，实现专业管理与线损管理的有机融合。同时要制订并落实配套的部门协同成效管理考核与奖惩激励措施。

（3）强化中低压线损管理。中低压线损管理是电网企业实现降损增效的关键。各单位要以中压线路线损责任制作为中压线损治理的主要抓手，深入推进和落实中压线路线损管理责任制。一是鼓励市公司加快城区网格化综合服务管理，优化调整班组职责，推行中压线损属地化管理。二是逐条线路落实线损责任人，线损责任人负责承担线路线损指标，负责线变关系梳理工作，开展线路线损的日常监控、异常分析，根据问题原因，组织协调相关班组开展线路线损异常治理。三是各单位要设立中压线损专项奖励，制定中压线损相关指标责任人考核目标和考核奖励方案，实现奖惩分明，提升各责任人的工作积极性。

**2．强化降损计划管理**

（1）降损规划管理。应结合规划期电网及电源规划、负荷预测情况，以及当前电网设备、营业管理、理论线损、电网运行等情况，开展降损潜力分析，提出降损目标以及保障措施建议，形成降损规划报告。经公司主管领导审核批准后，下发各级单位执行，指导规划期内线损指标的制定与降损计划的实施。

（2）降损计划管理。应结合降损规划报告中规划期内线损率目标、本年度线损率指标完成情况预测、本年度理论线损计算结果、计划年度负荷及电量预测情况、计划年度购电、用电结构变化情况、计划年度电网建设及改造、降损措施成效预测等编制年度线损率计划建议。

各级单位应根据上级单位下达的本年度线损率指标计划，结合所辖单位上年度线损率指标完成情况，上报本年度计划建议，结合相关线损指标影响因素，测算相关部门及所属单位年度线损率计划，形成线损指标计划分解下达建议，纳入本单位综合计划下达方案，经主管领导审核批复后，统一下达。

**3．强化电量与采集管理**

（1）加强计量关口管理。完善 10kV 联络关口及其他缺失关口配置，实现计量关口（计费、考核）全覆盖。全面开展电能量关口检查，切实掌握电能量关口档案、计量与采集情况，实现电能量关口配置、异动、审核、发布的线上流转，确保业务系统关口档案数据与现场一致。强化计量装置周检与轮换管理，消除超期、超差、缺陷或故障表计运行，防治飞走、慢走、倒走、停走等异常状况发生，确保精准计量。

（2）加强抄表例日管理。严格抄表制度，强化例日管理。供电量方面，购外网电量、购电厂电量严格执行月末日 24 时抄表。售电量方面，一是不断提高售电量月末抄见电量比重，尽量减小供售电量统计不同期的影响，准确反映线损情况；二是所有客户的抄表例日应予固定，不得随意变更，对于例日调整预计影响四分线损率同比波动，须会同线损相关管理部门共同协商。

（3）加强采集管理。实施全覆盖、全采集，提升采集运维质量。坚持"源端接入、源头治理"，加强采集运维管理，完善补采召测机制和采集消缺流程，坚持日采集、日监控、日补采、日统计，坚持采集失败后掌机补采，严禁人工抄表录入，采集失败时及时开展现场处置，做到采集失败处理"日清日毕"，实现月末日表底采集成功率达到99.5%以上。

（4）加强反窃电管理。坚持"依法治电、反防结合"的方针，充分运用营销自动采集信息化手段实现对用户用电在线监测，加大反窃电工作力度，防治失压、失流、分压、分流或间断计量等不正常状态发生。强化用电现场巡视检查，严防私自挂接、无表用电、非法卖电等行为发生。积极开展防窃电措施的研究和推广，利用高科技手段进行预防窃电管理，维护和谐的供用电秩序，确保"颗粒归仓"。

**4. 强化档案与统计管理**

（1）基础档案管理。各级单位应建立发展、运检、营销、调控中心等部门基础资料信息共享联动机制，制定有关信息维护、共享管理流程，及时更新设备参数以及线路、变电站、台区、用户等接入关系，提高主网、配网线台和营销台户对应关系等基础台账的准确性，确保线损四分统计的完整性、准确性和及时性。各级单位应建立如下基础档案：①所辖各电压等级电网接线图，以及线路、变压器、补偿装置等设备参数；②分压及分行业售电量明细；③专线与专用变压器用户资料，包括关口计量点（计量位置、倍率等）、用电容量、用电性质等；

专线用户（用户侧计量）、专用变压器用户（低压侧计量）线损电量计算方法；④10kV 配网公用线路线损档案，包括供电关口，以及与之对应的转出关口（线路互供、公用变压器台）与专用变压器用户；⑤0.4kV 台区线损档案，包括供电关口，以及与之对应的低压用户、用户所在相等；⑥线损"四分"统计报表；⑦理论线损计算分析报告；⑧降损规划和年度降损措施计划。

（2）营配调贯通管理。深化营配调贯通应用，建立健全相关工作机制，加强配网设备异动管理，及时更新维护基础资料信息库，落实"先绘图、后建档"，电网设备投运前完成拓扑构建与档案采录，投运当日完成设备状态调整。启用营配业扩报装交互流程和营配调贯通异动接口，实现营销业务应用系统、PMS 系统、GIS 系统设备异动"日同步"。完善低压电网拓扑图，准确采录拓扑关系和用户接入相别，实现台区线损的分相管理。

（3）线损统计分析管理。各级单位应建立定期线损分析机制，以月度、季度及年度为周期开展线损分析。月度针对异常情况进行分析，每季度进行一次全面分析、半年进行一次小结、全年进行一次总结，跟踪分析线损率变化情况，及时解决线损率计划执行过程中的问题，确保线损率计划完成。线损分析原则：①定量与定性分析相结合，以定量分析为主；②同比、环比以及与理论线损对比分析；③线损四分指标与辅助指标分析并重。线损分析内容：①指标完成情况（线损四分指标与辅助指标）、线损构成、统计线损与计划和理论线损的比较分析；②线损波动及异常原因分析；③线损管理存在的问题和拟采取的降损措施。

（4）线损异常管控。线损月度异常认定原则：①220kV 及以上母线电能不平衡率大于±0.5%，10～110kV 母线电能不平衡率大于±1.0%。②35kV 及以上分压线损率超过同期值的±20%；10（20/6）kV 及以下分压线损超过同期值的±30%（线路出口抄表例日为月末日 24 点，专用变压器、公用变压器抄表例日应与售电量抄表例日相对应）。③市、县级供电企业月度线损率为负值，或波动幅度超过同期值（或理论值）的±20%。④35kV 及以上线路、变压器损失率为负值或超过 1.0%；市中心区、市区、城镇、农村 10kV 线损率（含变损）为负值或分别大于 2%、2%、3%、4%，或其线损率波动幅度超过同期值或计划指标的 20%。⑤台区线损率出现负线损率，或市中心区、市区、城镇、农村低压台区线损率分别大于 4%、6%、7%、9%，或波动幅度超过同期值或计划指标的 20%。

（5）完善线损异常治理机制。常态化开展线损异常监测与高损治理。加强日线损管理，全面开展关口与用户日电量接入与"四分"线损日计算，针对日线损大幅波动、反复高损以及采集长期不在线等 10kV 线路和台区，认真分析线损异常原因，综合考虑负荷率、供电半径等因素，结合理论线损计算结果，科学制定整改措施，实施"一线一策"和"一台一策"。坚持"指标专业管控、问题源头治理"的原则，固化"异常监测—工单派发—治理跟踪—成效验证"的跨专业闭环工作流程，指标管控责任部门（单位）负责指标异常分析和工单跟踪督办，问题源头责任部门（单位）负责线损异常治理和工单办理反馈。异常控制措施：①各级单位应制定线损异常处理相关机制，明确处理原则、处理流程、处理措施、责任主体和处理期限。②线损异常处理应按照发现异常、明确异常原因、落实责任主体和处理措施、跟踪处理结果，最后提交分析材料的流程，形成闭环管理。③线损各级管理单位应与营销部门配合，确定合理的售电抄表例日，明确因供售不同期电量对本单位线损率指标影响的允许范围。